2017-2018年中国工业和信息化发展系列蓝皮书

The Blue Book on the Development of Safety Industry in China (2017-2018)

2017-2018年
中国安全产业发展
蓝皮书

中国电子信息产业发展研究院　编著

主　编／王　鹏

副主编／高　宏

人民出版社

责任编辑：邵永忠

封面设计：黄桂月

责任校对：吕　飞

图书在版编目（CIP）数据

2017－2018 年中国安全产业发展蓝皮书／中国电子信息产业发展研究院
　编著；王鹏 主编 . —北京：人民出版社，2018. 9

ISBN 978－7－01－019785－2

Ⅰ. ①2… Ⅱ. ①中… ②王… Ⅲ. ①安全生产—研究报告—中国—2017－2018
　Ⅳ. ①X93

中国版本图书馆 CIP 数据核字（2018）第 213385 号

2017－2018 年中国安全产业发展蓝皮书

2017－2018 NIAN ZHONGGUO ANQUAN CHANYE FAZHAN LANPISHU

中国电子信息产业发展研究院 编著

王　鹏 主编

人 民 出 版 社 出版发行

（100706　北京市东城区隆福寺街 99 号）

北京市燕鑫印刷有限公司印刷　新华书店经销

2018 年 9 月第 1 版　2018 年 9 月北京第 1 次印刷

开本：710 毫米×1000 毫米 1/16　印张：17. 5

字数：250 千字　印数：0,001—2,000

ISBN 978－7－01－019785－2　定价：65. 00 元

邮购地址　100706　北京市东城区隆福寺街 99 号

人民东方图书销售中心　电话（010）65250042　65289539

前　言

2017 年，党的十九大胜利召开，通过学习领会，对党的十九大精神的认识在不断深入，对"不忘初心，牢记使命，高举中国特色社会主义伟大旗帜，决胜全面建成小康社会，夺取新时代中国特色社会主义伟大胜利，为实现中华民族伟大复兴的中国梦不懈奋斗"的大会主题认识不断深入。在党的十九大报告中提出了"坚持总体国家安全观。统筹发展和安全，增强忧患意识，做到居安思危，是我们党治国理政的一个重大原则"；还明确要求"树立安全发展理念，弘扬生命至上、安全第一的思想，健全公共安全体系，完善安全生产责任制，坚决遏制重特大安全事故，提升防灾减灾救灾能力"。这些都对研究在制造强国战略下，做好相关领域的安全生产监管工作；研究依靠先进制造业和现代服务的发展，努力为安全生产、防灾减灾、应急救援等安全保障活动提供更多专用的先进技术、产品和服务，提供更多安全可靠的本质安全装备和产品，促进安全产业发展提出了更高要求。随着《中共中央国务院关于推进安全生产领域改革发展的意见》（以下简称《意见》）落实工作的逐步展开，在"健全投融资服务体系，引导企业集聚发展灾害防治、预测预警、检测监控、个体防护、应急处置、安全文化等技术、装备和服务产业"的工作中，安全产业也正在向新的发展阶段转化。

2017 年 1 月 12 日，国务院办公厅印发了《安全生产"十三五"规划》（以下简称《规划》）。《规划》的主要任务中提出："继续开展安全产业示范园区创建，制定安全科技成果转化和产业化指导意见以及国家安全生产装备发展指导目录，加快淘汰不符合安全标准、安全性能低下、职业病危害严重、危及安全生产的工艺技术和装备，提升安全生产保障能力。"2018 年初，中共中央办公厅、国务院办公厅印发了《关于推进城市安全发展的意见》，在文件中提出要求："加快重点产业安全改造升级。完善高危行业企业退城入园、搬迁改造和退出转产扶持奖励政策。制定中心城区安全生产禁止和限制类产业目录，推动城市产业结构调整，治理整顿安全生产条件落后的生产经营单位，经整改仍不具备安全生产条件的，要依法实施关闭。加强矿产资源型城市塌（沉）陷区治理。加快推进城镇人口密集区不符合安全和卫生防护距离要求的危险化学品生产、储存企业就地改造达标、搬迁进入规范化工园区或依法关闭退出。引导企业集聚发展安全产业，改造提升传统行业工艺技术和安全装备水平。结合企业管理创新，大力推进企业安全生产标准化建设，不断提升安全生产管理水平。"这一要求，对于针对城市安全需要的先进安全技术、装备和服务的发展，将起到积极的作用。

由此可见，在认真贯彻落实党的十九大精神，推动安全发展，使2018年我国继续保持安全生产事故的总量和伤亡人数继续下降、使重特大事故频发的势头得到有效遏制趋势的过程中，安全产业将发挥起提高物防和技防能力与水平，肩负起更大的责任，在强化基础保障能力建设，提升安全保障水平方面发挥更大的作用。

一

树立安全发展理念，弘扬生命至上、安全第一的思想，这是党的十九大对安全生产工作提出的要求。2017年我国安全生产形势继续保持持续稳定好转的基本态势，1—10月全国事故总量、较大事故、重特大事故的起数和死亡人数同比均保持"双下降"。然而，仍有部分行业领域和个别地区事故多发、安全生产形势依然严峻。如2017年四季度以来，火灾事故明显上升，造成重大人员伤亡和财产损失，产生了巨大影响。坚持总体国家安全观，必须统筹发展和安全，在坚决防范和遏制重特大安全事故发生的同时，努力在人防、物防、技防等方面综合施策，管理措施和装备技术同步抓，全面提高物防、技防的能力和水平。因此，针对安全生产、防灾减灾、应急救援等安全产业保障需要，在先进的专用技术、产品和服务等方面，全面提升安全保障能力和本质安全水平，充分满足我国安全发展的保障要求。在实现安全产业提高全社会安全保障水平目的的基础上，努力培育安全产业这一提升全社会安全事故预防能力为方向的新兴产业，加强先进安全技术和产品的研发及推广应用，强化源头治理、提高全社会本质安全水平，消除安全隐患，减少事故发生概率，打造新经济增长点。

二

世界范围内，不同国家和地区安全产业发展水平、涵盖范围也存在差异，但维护安全稳定的目的是一致的。自 2010 年国务院 23 号文首次提出发展安全产业的要求以来，我国经济社会发展日新月异，安全产业的发展也随着国家的发展，在保障内容、内涵及外延、技术水平、产品档次、服务创新等方面都产生了很大变化。自 2010 年以来，我国安全产业发展呈现稳定上升的形态，工信部和国家安监总局先后批准在徐州、营口、合肥、济宁等地开展国家安全产业示范园区创建工作。其中，2016 年徐州高新区被工信部和国家安监总局授予了首个国家级安全产业示范园区的称号，在重庆、江苏、安徽、山东、陕西、湖北、广东等地出现了安全产业集聚发展区。在 2015 年工信部、国家安监总局、国家开发银行、中国平安在北京签署了《促进安全产业发展战略合作协议》的基础上，2016 年签署了徐州安全产业发展投资基金战略合作协议，2017 年签署了汽车安全产业投资基金协议和民爆安全产业投资基金协议。2018 年初在北京，工业和信息化部、国家安全生产监督管理总局和江苏省人民政府联合签署了《关于推进安全产业加快发展的共建合作协议》，将共同在培育区域经济增长新动能，努力创建安全技术创新先导区、推进安全产业标准体系建设、创新投融资服务模式、健全完善区域安全产业协作体系、开展先进安全装备试点示范应用、研究完善安全产业配套政策等方面强化合作，把江苏省建设成为我国的先进安全装备制造基地，为安全产业发展起到示范引领作用。2014 年成立的中国安全产业协会，在工信部、国家安监总局等相关部委支持下，2017 年也得到了快速发展，继物联网、消防、建筑、矿山等 4 个分会之后，又成立了石化和电子商务两个分会，分会数量达到 6 个，会员总数近千家。

2018 年安全产业发展面临一个有利的时机。随着《意见》《规划》和《关于推进城市安全发展的意见》等相关文件落实逐步落实，安全产业发展将迎来一个发展的良好机遇。第一，安全产业投融资体系建设将进一步展开。省级、市级的地方安全产业基金将陆续出台，汽车、民爆等行业子基金组建完成后，投资工作将展开；保险、租赁等多种金融支持安全产业发展的试点工作也将推进落实。第二，安全产业园区（基地）建设进一步扩大。2018年《国家安全产业示范园区（基地）发展指南（试行）》将出台，安全产业示范园区建设将进一步得到各地的重视。第三，正在筹备的中国安全产业大会，将对宣传安全产业发展已经取得的成就，继续推动安全产业的发展发挥作用。第四，落实国家文件，并在相关金融机构支持下，汽车主动安全、新型建筑装备、消防装备等先进安全技术与装备的试点示范工作将继续开展。

三

随着贯彻落实党的十九大精神逐渐深入，对安全产业发挥极大的支撑保障作用，不断创新安全发展，都将面临新的机遇与挑战。安全产业既是保障安全发展的重要力量，也是培育新增长点的有效途径，其战略性产业的作用亟待发挥。赛迪研究院安全产业研究所（原工业安全生产研究所）在工业和信息化部安全生产司、国家安全生产监督管理总局规划科技司等部门的支持下，在国务院安委会专家咨询委员会的指导下，在中国安全产业协会的帮助下，担负着推动我国安全产业研究工作的重任。为此，全所研究人员在认真分析研究国内外安全产业新形势、新动向的基础上，努力把握我国经济社会安全发展对保障要求的新需求、新问题，希望通过我们的努力，为我国安全产业的发展出谋划策。本次编撰《2017—2018年中国安全产业发展蓝皮书》，全书由综合篇、行业篇、区域篇、园区篇、企业篇、政策篇、热点篇和展望篇八个部分组成，从多个方面，通过数据、图表、案例、热点等多种形式，对国内外安全产业发展情况进行分析总结，希望在宏观层面能够比较全面地反映2017年我国安全产业发展的动态与问题，对我国安全产业发展中的重点行业、重点园区（基地）进行比较全面的研究，展望了2018年我国安全产业发展的新形势、新方向。

综合篇，对全球的安全产业发展状况进行了认真研究，对我国安全产业发展情况进行了总结，对我国安全产业发展中存在的问题进行了分析，并提出了有针对性的对策建议。

行业篇，对道路运输安全产业、建筑安全产业、消防安全产业、矿山安全产业、城市公共安全产业、应急救援安全产业、安全服务产业等安全产业重点行业和领域，分别从发展情况、发展特点等方面进行了比较详细的研究。

区域篇，分东部地区、中部地区和西部地区，对上述地区安全产业发展从整体发展情况、发展特点等方面进行研究，并从中选取了重点省市进行了详细介绍。

园区篇，选取了徐州、营口、合肥、济宁等四个已命名的国家安全产业示范园区（创建单位），从园区概况、园区特色和需要改进的问题等三个方面进行了比较细致的研究。

企业篇，以上市企业和中国安全产业协会的理事单位为主体，选择了在国内安全产业发展较有特点的十家企业单位，对各入选企业的概况和主要业务等进行了介绍。

政策篇，对2017年中国安全产业政策环境进行了分析，对《国务院办公厅关于印发〈安全生产"十三五"规划〉的通知》（国办发〔2017〕3号）等2017年有关安全产业发展的重点文件和政策进行了解析。

热点篇，结合我国安全生产和安全产业发展的热点事件，选取了"8·10"京昆高速特别重大道路交通事故等重特大事故和国外自动驾驶汽车发展等热点问题，分别进行了事件回顾和事件分析。

展望篇，对国内主要研究机构关于安全产业的预测性观点进行了综述，对2018年中国安全产业发展主要从总体方面和发展亮点等两大方面进行了展望。

赛迪智库安全产业研究所（原工业安全生产研究所）重视研究国内外安全产业的发展动态与趋势，努力发挥好对国家政府机关的支撑作用，以及对安全产业基地、安全产业企业、金融机构及安全产业团体的服务功能。希望通过我们持续不断的研究，对于促进安全产业发展，推动我国经济社会安全发展发挥应有的作用。

目　　录

园 区 篇

企 业 篇

政　策　篇

热　点　篇

展 望 篇

综 合 篇

第一章　2017 年全球安全产业发展状况

　　2017 年世界经济逐渐复苏，但仍存在长期风险。国际货币基金组织（International Monetary Fund，IMF）在 2017 年 10 月 10 日发布的《世界经济展望报告》中，将全球经济增长率预期上调了 0.1 个百分点，预期全球 75% 的经济体增速都将加快，2017 年将是近十年来全球经济复苏迹象最明显的一年。各主要经济体中，美国企业对未来需求增长的信心增强，2017 年和 2018 年经济增长率预期分别为 2.3% 和 2.5%，远高于 2016 年的 1.6%。同时，受特朗普"美国优先"政策影响，美国贸易保护主义又见抬头趋势，国际贸易长期发展前景面临隐患。英国在"脱欧"影响下，将成为 G7 国家和欧元区内仅次于美国的增速排名第二的发达经济体，但同时也将受到贸易障碍带来的长期性影响。2017 年 IMF 第四次上调我国经济增长预期，同时指出，我国预期经济增强同时会提高新兴市场和发展中经济体增速。安全产业能够为国家的经济发展和社会生活提供保障作用，是当前各国经济稳定发展所需的必备力量，其发展状况受细分领域众多的影响，体现出了一些独特特征。

第一节　概　　述

　　安全产业概念受国家工业安全生产水平和公共安全管理需求影响较大，国际上，安全产业的概念和范围划分并不统一，各个国家和地区由于自身的基本国情、经济发展水平及人文环境不同，对于自身安全产业的具体定义和范围划分都有独特的理解，安全产业的定义与其所处的地域安全形势和国家经济地位密不可分。

　　发达国家安全产业概念范围通常要比发展中国家的大，发达国家工业发展早已度过原始资本积累时期，工业安全生产装备、安全生产整体配套系统和机制体制已然完善，故而更加关注国土安全、防灾减灾、劳动健康保障、公共安全等领域的装备、产品和技术。而发展中国家安全产业的主要内容集中在工业生产安全和职业健康保障中，随着社会经济的稳定发展，逐渐向公共安全、救灾减灾等重要支撑领域发展，并以其强有力的支撑保障作用，使得各发展中国家对其重视程度不断提高。在我国，《关于促进安全产业发展的指导意见》（工信部联安〔2012〕388 号）中明确提出了"安全产业"的概念，即："安全产业是为安全生产、防灾减灾、应急救援等安全保障活动提供专用技术、产品和服务的产业。"在我国"十三五"规划中，安全生产又被归为"大安全"的一部分，安全产业概念随我国社会生产力的不断进步有所扩大。

表 1－1　全球部分国家（地区）安全产业概念

国家（地区）	安全产业概念
美国	维护基础设施、保障民众生命财产相关的产品与服务。具体包括为通信设施、邮政设施、公共卫生、运输、金融、反恐、应急救援等提供安全保障的产品及服务。
日本	与国际安全领域相关，可降低自然灾害损失，以及保障公众安心安全生活的相关产品与服务。具体包括门禁系统、自动探测报警系统、安全设备系统、影像监控系统、防盗安检系统、信息安全系统等。
德国	以工业安全和社会安全为主，包括安保、电子报警装置、消防设备、锁类、保险箱、保险柜、机械安全防护装置、安全技术等。
韩国	韩国安全产业主要面向防灾、减灾领域，以及相关产业，如提供针对发生于国家范围内的各种自然灾害的技术、装备以及应急防护。
英国	与美国相似，英国的安全产业主要面向自然灾害以及职业健康防护两个领域，近年来迅速成为一个全新的行业，专门针对各种人为或者自然灾害进行研究并提供技术及装备解决方案，其提出的"安全产业"（Safety Industry）主要是针对工作范围内的职业安全（Occupational Safety）领域，面向各种类型的企业提供职业安全事故预防培训和个体防护装备，范围和概念较小。
俄罗斯	俄罗斯安全产业包括生产安全、个人防护装备及劳保保健、社会安全及安防、与公共安全有关的环保医疗活动、安全组织与服务等。具体包括个人安全设备、机械安全系统、建筑防火、危险物质的安全处置、工作环境下安全的传送装置、噪声防护方面的软硬件设备、中央监控设备、防盗报警系统、火灾警报系统、放射物质的安全防护设备、防尘防毒气设备、专用安全车辆、犯罪预警设备、监控巡逻设备等、触电保护设备、高风险环境下的工业安全产品、环保科技、药物医疗及保健、安全组织和服务等。

续表

国家（地区）	安全产业概念
中国台湾	为个人、家庭、企业、银行、政府部门、公共场所及重要基础设施提供安全防护产品、设备及服务的产业。核心产业可分为安全监控、公安消防、系统整合与服务等三大领域；关联产业则有健康照护、公共安全、无线宽带服务、绿色环保、智慧机器人等。

资料来源：赛迪智库整理，2018 年 1 月。

在我国，安全产业是国家重点支持的战略产业，该定位在《国务院关于坚持科学发展安全发展促进安全生产形势持续稳定好转的意见》（国发〔2011〕40 号）中再次提出。安全产业历史悠久，是一个综合性、交叉性较强的产业，其下的很多许多细分产业早已存在，个体防护、交通安全、建筑安全、消防安全、矿山安全、城市公共安全、应急救援与安全服务等分支产业，均已随被保障行业的发展而进行了长期的发展。安全产业概念的提出，实际上是将这些已有分支行业进行整合规划，有针对性地进行政策扶植和发展推动，以强化安全产业细分行业对各行各业的安全保障能力。此外，我国的安全产业的分类中，还有一些与装备制造、"互联网＋"、新能源新材料等新兴产业发展直接相关，因此，安全产业可谓是拥有"新生"概念的"旧"事物，其产业发展未来趋势与新兴产业和传统产业的现状与发展态势均息息相关，这也是世界各国安全产业定义多元的主要原因。

第二节　发展情况

一、总体规模不断扩大

各咨询或预测机构受所在各国安全产业划分概念的影响，对于安全产业中细分行业并不进行统一分析，而是采取工业安全、公共安全、应急救援等大类行业报告的形式进行分析。国际知名咨询机构弗里多尼亚集团公司（The Freedonia Group）将安全产业定义为公共安全和个人家庭防护为主的产业，主要包括家庭和公司所使用的灭火器、火灾警报器、保险柜等安全产品，防贼防盗、闭路电视、电子门禁等监控用装备，并囊括了炸弹监测以及监控装置等公共安全设备。2015年弗里多尼亚集团公司报告显示，受全球范围经济形势和社会公共安全感降低的影响，2010年来全球安全产业市场平均增长率达到了7.4%，同时2017年全球安全产业市场规模将达到2440亿美元。2017年全球经济开始复苏，工业经济增长速度上升，工业安全产品需求提高；全球反恐形势虽有所好转但依然严峻，人们对社会安全和公共安全的需求已经产生了充分的认知，安保安防装备和应急救援装备与技术受到极大重视，整体行业走势依然强劲；安全服务市场则随安全技术装备与购买服务理念的快速发展与普及有所提升。

相较于弗里多尼亚公司，Homeland Security Research Corporation（HSRC）的安全产业定义更倾向于国土安全与公共安全。2015年，HSRC公布了全球安全产业规模报告，报告显示当年全球安全产业销售及售后服务收入总计约4160亿美元，2022年全球安全市场将达到5460亿美元。报告同时表明，随着传感器和ICT技术的快速成熟，新兴市场不断扩大，原由美国和欧洲占据的市场主导地位将在全球版图上发生"东移"。另根据联合国有关报告，自然灾害预防和应急装备市场规模在过去十年增长了13%，在2022年将达到1500亿美元。

（亿美元）

图1-1 2011—2015年全球公共安全市场

资料来源：Homeland Security Research Corporation（HSRC）2015年报告，2018年1月。

二、各国积极筹划布局

安全产业作为具有重要保障能力的综合型战略产业，是国家工业化发展及社会本质安全发展程度的晴雨表。当前全球经济刚从低迷期逐渐回暖，工业安全和公共安全需求巨大，全球各国政府对发展具有安全保障能力的产业发展需求迫切。从公共安全的角度讲，美国是最早提出"安全产业"概念的国家之一，在 2001 年 2 月美国公布的《21 世纪国家安全全国委员会报告》中，首次提到了"国土安全"（Homeland Security）这一概念。美国安全产业重点关注国土安全、反恐安全等国家安全领域，"改善政府部门执行合作能力、强化调查起诉流程与措施、重整防范措施、打击恐怖主义金融"是美国国家安全产业的重点发展方向。在安全服务方面，美国 Freedoni Group 的报告显示，美国安全服务产业市场将在 2016 年达到全球市场份额的 26% 左右，保持全球领先地位。美国安全产业市场成熟，2011—2016 年间其市场份额占全球五分之一左右，难以扩充的体量使其年度增长率低于全球平均速度。巴西市场是全球第二大安全服务产业市场，2011 年占全球市场份额的 7% 左右，2016 年巴西安全产业的增长速度略高于全球平均水平。2016 年，中国和巴西共同占有了全球 13% 左右的安全市场份额。英国是欧洲国家在国土安全领域的核心和枢纽，在民间力量主导下，英国安全产业相关专业下的民间以及半官方的机构众多，已形成了完善的协调支持网络，欧洲区域以及国际性的安全产业相关研讨或展览经常以英国作为据点国。

2012 年 7 月，欧盟委员会发布了《欧盟安全产业政策》，立足于整合零散的各国安全产业基础、提高欧盟安全产业的行业竞争力，通过构建安全产业来促进欧盟经济繁荣、国家安全和社会稳定。然而由于新技术的发展和全球经济核心的东移，欧洲企业在全球安全产业市场的份额不断下降。受此影响，《欧盟安全产业政策》的战略核心"2020 展望"对"高经济增长率"和"高就业率"进行了多次强调，表明了打造具有创新性和全球竞争力的欧洲安全产业的主张，展现了通过安全产业促进经济发展的决心。一方面，欧洲整体经济态势依然低迷，政府赤字和失业率居高不下，在经济发展的重大压力和难民潮带来的犯罪潮影响下，欧盟各国对安全产业的安全保障能力和保障经济正常发展能力寄予厚望；另一方面，欧盟安全产业发展较早、体系成熟，在国际市场中能与美国等老牌安全产业大国分一杯羹，比中国等后进国家具有先行优势，制定实施《欧盟安全产业政策》有利于整合各成员国产业资源，保持自身产业发展优势，在未来国际竞争中保持领先。

二、龙头企业集聚趋势明显

国家安全产业发展总体态势与国家工业安全发展历程密不可分，老牌工业国家的安全产业企业发展历史悠久、产业化水平高，占据市场份额大。据统计，当前全球42%的安全产业企业位于美国，51%位于欧洲。企业多以职业健康防护装备和工业安全设备起家，且专业型企业和全球型企业居多。根据当前安全技术越发专门化的现状，与政府和企业越发上升的全套型安全服务需求，大部分老牌国际化综合型安全产业企业正从单纯的售卖安全装备，向以提供安全服务为主、附带供应装备为辅的综合服务型企业转变。美国杜邦公司即为行业转型的典型之一，较早完成了服务型转型的杜邦公司，目前拥有丰富的安全咨询和成套服务的丰富经验，服务型转型有效提高了其全年收益率，在众多安全产业企业中具有较强的长期竞争力。

表1-2　全球主要安全技术装备生产企业

公司名称	国家	基本情况
3M公司	美国	3M公司市值超过1000亿美元，公司拥有过110多年的发展历史，产品种类超过55000种，包括研磨材料、胶带、黏着剂、电子产品、显示产品、医疗产品以及家庭产品等。
MSA（梅思安）	美国	MSA SAFETY（梅思安安全装备）是美国梅思安企业下属企业，2016年主营业务收入11.5亿美元，全球约有雇员4300名。MSA公司成立于1914年，目前已经发展成为行业内个人防护装备及火气监测仪表的最大制造商。
Honeywell（霍尼韦尔）	美国	2017年销售额预计将达到406亿美元，将实现2%—4%的内生式增长预期。2018年部门利润率将增长30—60个基点，每股收益增长将达到6%—10%。预计2018年自由现金流为52亿—59亿美元。
Sperian（斯博瑞安）	法国	斯博瑞安（Sperian）是全球最大的个人安全防护设备专业生产商之一，前身是巴固德洛——欧洲巴黎交易所的上市公司，后于2016年被霍尼韦尔公司以14亿美元收购。
HALMA（豪迈集团）	英国	国家性集团公司，主要产品涵盖过程安全、基础设施安全、医疗设备、环境与分析四个领域。旗下约有40家子公司，分布在20多个国家和地区，约有雇员5000名；运营主要集中在欧洲、北美洲和亚洲市场，客户遍及160多个国家和地区。

公司名称	国家	基本情况
Draeger（德尔格）	德国	公司是医疗和安全技术的国际先行者，项目涵盖临床环境、工业、采矿和紧急服务等多个领域。公司共有约13500名员工，在190多个国家和地区开展了业务工作，在50多个国家设立了销售和服务分公司，在中国、美国、南非、英国、德国、瑞典、巴西以及捷克共和国设有自主开发与生产基地。公司2016年息税前利润为1.369亿欧元，是2015年全年的2倍以上；息税前利润率由2015年的2.6%上升至2016年的5.4%。2017年上半年订单量13.02亿欧元，息税前利润0.191亿欧元；其中安全产品订单量为4.096亿欧元，较2016年同期增长0.6%。
Uvex（优唯斯）	德国	作为一家全球性企业，业务遍及全球50多个国家，而且积极推动各地安全活动。公司业务主要有四个方向：头部防护（安全眼镜、听力保护、安全头盔、激光防护安全眼镜、呼吸防护、矫视安全眼镜）、躯体防护、足部防护和手部防护。
Pensafe（攀士福）	加拿大	公司成立于1937年，一直致力于个人防护领域的锻造和冲压部件制造，其产品种类超过70个。为包括建筑、工业、救援和保护服务等行业提供诸如连接器、卡扣钩、成型钩、带扣、调节器、D形环、锚固连接器、防坠落器和抓斗等多种产品。

资料来源：赛迪智库整理，2018年1月。

个体防护装备产业是安全产业中最为典型的传统产业之一，市场准入门槛低、高端装备研发需求高、市场需求一直存在，企业能够不断获取利润、扩大先发优势，在眼部防护装备、听力防护装备、呼吸防护装备等细分领域中，国际大型企业已经几乎形成了"寡头"局面，占据大部分市场份额和绝大部分市场利润。

表1-3 全球主要个体防护生产企业情况

细分领域	代表企业	合计所占市场份额
眼部防护装备	斯博瑞安（Seprian）、3M、优唯斯（Uvex）	50%以上
听力防护装备	3M、斯博瑞安	50%以上
呼吸防护装备	3M、梅思安（MSA）、斯博瑞安、德尔格（Draeger）	80%以上

资料来源：赛迪智库整理，2018年1月。

三、细分领域特点各异

安全技术装备市场不断增长。据弗里多尼亚集团统计，2015年全球个体防护装备产业总产值在300亿美元左右，2022年之前，该领域有望保持6.5%的复合增长率，在2022年之前，全球安全装备市场规模将至少保持7%的发展增速，在部分安全产业细分领域中将出现更高速度的增长率。2015年美国道路安全技术装备产业在全球市场中的份额约为33.7亿美元，预计在2019年前，将继续高速增长，市场规模将达到57.3亿美元，复合年增长率到达11.2%。中国和印度近年来对安全装备需求急剧上升，个体防护装备复合增长率皆超过10%，并且将继续保持这一速度。

安全服务市场随着全球经济改善和政府、企业对成套外包服务需求的持续增长而不断扩大。中国、印度、巴西、墨西哥等发展中国家安全服务市场发展迅速，2010—2014年私人签约安全服务年均增长率超过7.4%，2014年达到2180亿美元。预计2018年之前全球安全服务需求将以每年6.9%的速度增长，市场规模预计将达到2670亿美元。发展中国家受经济快速增长、工业建筑业及公共安全需求不断增加、人均可支配收入不断上升的影响，亚洲、非洲、中东和中南美洲的发展中国家将成为全球安全产业市场最强的新增动力源。巴西是2013年全球第二大安全服务市场，2018年前将以年均11%的增长速度发展。中国、墨西哥、印度和南非的全球安全服务市场份额增速也将达到两位数。

第三节　发展特点

一、信息技术应用水平不断提高

随着新一代信息技术的快速发展与广泛普及，全球安全产业与信息技术的结合不断加深，信息技术总体应用水平不断深化。发达国家一方面注重对信息技术的研发和投入，积极利用计算机、网络技术不断完善管理信息系统，以实现信息资源数据规范化和资源的广泛共享；另一方面在推动传统安全产业信息化升级改造上也同样重视，以实现传统安全装备的信息化和智能化。美国在矿山采掘行业中，积极利用计算机模拟、虚拟现实等技术进行远程操控，通过技术装备达到"机械化换人、自动化减人"的目的，在灾害救援的过程中能够充分保障救援人员的生命安全，能够有效降低灾害损失、减少连带损失，并且通过在行业的生产中大力推广常态化应用，通过主动监测设备，主动发现、提前快速处理矿山意外险情，增强了矿山安全水平和救援效率。英国设立了危险物质咨询委员会，对重大危险源识别、评价和控制开展技术和装备研发，应用了信息管理、风险分析、决策支持和协调指挥等一系列应急管理技术，建立了协调统一、信息高度共享的应急平台体系，在决策支持、风险控制等发面发挥了重要作用。信息技术在安全产业中发挥着越来越重要的推动作用。

二、技术投入是企业提高市场竞争力的主要手段

安全产业涵盖面极广，各细分行业市场发展状况各不相同，但加强技术投入是各细分行业中提高企业市场竞争力的共有手段。当前安全产业细分行业市场可分为已定型和未定型两种，已定型市场中，在技术准入门槛较高的细分领域如制动防抱死系统市场中，先发企业通过成熟的商业化模式、已回本的技术研发投资拉低产品价格，使后进企业的研发成本难以通过低价销售快速收回，从而限制后进企业进入；技术准入门槛较低的细分领域如个人防护用品市场中，先发企业则通过量产技术含量高、可靠性强、价格低廉的商品，以及以服务为主、提供产品为辅的方式，占有业内利润较高、客户稳定的高端市场。未定型市场竞争更为激烈，率先达到市场准入门槛、完成商业化并具有功能优势的企业研发成果更有利于抢占未来市场。除此，随着各国对科技进步的重视及全球科技的快速发展对工业生产安全、公共安全、应急救援产品和装备提出了环保要求和信息化、智能化要求，云计算、物联网等新兴信息技术在传统安全产业领域中的应用，为安全产业传统细分行业的发展开拓了新的市场空间。因此，科技研发在企业开拓安全产业市场的过程中具有极其重要的作用。

三、跨国发展成为企业规模化选择

安全产业作为历史悠久的综合型产业，跨国发展、综合式发展是许多研发实力雄厚的大型企业拓宽市场、扩大收入的重要手段。安全产业业内，综合型的大型国际企业公司集团的业务范围往往遍及多个国家和地区。以德尔格公司为例，其业务遍及全球190多个国家和地区，在50多个国家设立了销售和服务分公司，在中国、美国、南非、英国、瑞典、巴西、德国和捷克共和国设有自主研发生产基地。跨国发展有利于利用各国的市场、政策、融资、地缘、政治优势，倾向性地发展安全产业细分行业，企业能够通过在个别国家建立的产业优势抢占该细分行业的国际市场。同时，跨国发展也利于企业更经济、有效地利用地区人才优势，更好地推进企业多元化发展。

表1-4　独资、合资形式进入中国市场的部分国外企业

企业名称	地点	分公司名称	主要经营范围
霍尼韦尔	上海	霍尼韦尔（中国）公司	安全、火灾与气体探测，防护设备，消防系统、消防救援防护装备、消防外设，高级纤维和合成物。
杜邦	深圳	杜邦中国集团有限公司	杜邦安全防护平台致力于开发解决方案，保护人们的生命、财产、业务经营和我们赖以生存的环境。包括食品、营养、保健、防护服、家居、建筑甚至环境方案。
3M	上海	3M中国有限公司	职业健康及环境安全、防腐及绝缘、反光材料、防火延烧、交通安全。
梅思安	无锡	梅思安（中国）安全设备有限公司	行业内个人防护装备及火气监测仪表的最大制造商；呼吸防护产品，头、脸、眼、听力、手、足、身体防护产品，跌落防护产品，消防设备产品，便携式和固定式仪表产品。
德尔格	北京	北京吉祥德尔格安全设备有限公司	重点关注个人安全和保护生产设施；固定式和移动式气体检测系统，呼吸防护、消防设备、专业潜水设备，酒精和毒品检测仪器。
斯博瑞安	上海	巴固德洛（中国）安全防护设备有限公司	专注于个人防护产品；产品范围涉及全系列头部保护产品（眼/脸部、听力和呼吸）和身体防护产品（坠落、手套、防护服和安全鞋）。

续表

企业名称	地点	分公司名称	主要经营范围
奥德姆	北京	北京东方奥德姆科技发展有限公司	气体检测设备。
优唯斯	广州	优唯斯（广州）安全防护用品有限公司	头部防护（安全眼镜/矫视安全眼镜/激光防护安全眼镜/安全头盔/听力保护/呼吸防护）、躯体防护、足部防护和手部防护。

资料来源：赛迪智库整理，2018 年 1 月。

表 1-5 通过代理商进入中国市场的部分国外企业

企业名称	国家	主要产品
DPI 公司	意大利	呼吸防护器及空压设备
Draeger 公司	德国	呼吸器
METROTECH 公司	美国	探测仪
ITI 公司	美国	安防、火警报警系统
RAE 公司	美国	气体检测仪
Aearo 公司	美国	个人防护用品

资料来源：赛迪智库整理，2018 年 1 月。

四、企业发展愈加多元化、专业化

在安全产业企业科研实力、经济实力及传统市场固化的影响下，当前安全产业企业衍生出了专业型和多元型两种模式。多元型企业涉及的安全产业细分行业较多，公司规模多很庞大，国际化商业发展能力强，科研实力较为雄厚。多元化发展的企业通过容纳安全产业产品产业链上下游来降低生产成本、增加产品后续服务的配套能力，有能力进行多领域产品集成、成套安全装备研发及全套产品信息一体化改造，有的还能提供含售卖产品在内的整套安全服务，如霍尼韦尔、杜邦、3M 等。另一种企业走专业化模式路径，推出的产品种类较少。这类企业经济能力有限，科技研发方向较为专一，通过集中力量进行持续研发，有能力保持自身产品技术性能和售卖成本在细分行业中的竞争力，如梅思安（MSA）、斯博瑞安（Sperian）、德尔格等。根据自身实力和特征的差异，选择适合企业的发展模式，是企业根据市场和资本力量自然选择的结果。

表1-6 国外先进安全产业企业两种发展发展模式

模式	发展特征	特征	优势
多元化	追求产品覆盖产业上下游的"大而全"发展模式，产品涉及各种类目	企业实力雄厚，具备较强的资金、技术、人才等基础，多为大型国际化企业	充分发挥企业自身在科技研发能力上的优势，提升企业整体实力；利于实现资源的优化配置，降低生产成本；利于实现成套设备的生产，提高设备的整体性能
专业化	追求产品研发和出品的"小而精"发展模式，保持自身产品在技术和性能等方面始终处于行业领先地位	企业实力一般，集中精力发展某一类或几类产品	解决了自身资金、人才等资源不足的问题；利用有限的科研资源提高专一领域产品的质量和可靠性，实现产品的高端化发展

资料来源：赛迪智库整理，2018年1月。

第二章 2017 年中国安全产业发展状况

第一节 发展情况

一、产业规模不断扩大

安全产业是为安全生产、防灾减灾、应急救援等安全保障活动提供专用技术、产品和服务的产业。安全产业是伴随工业化和安全技术发展而产生的一个产业集群，其产业发展直接或间接地反映了一个地区、一个国家在某一时期的工业化程度、安全技术水平和产业安全发展层次。随着我国经济进入高速发展阶段，特别是进入工业化中期以来，安全生产的深层次问题也日益突出。2017 年，我国安全产业已经初具规模。通过分析我国安全产业上市企业规模及占总体产业规模的系数，我国从事安全产品生产的企业已超过 4000 家，安全产品年销售收入超万亿元。其中，制造业生产企业占比约为 60%；服务类企业约占 40%。从区域来看，东部沿海地区安全产业规模相对较大，不少优秀企业迅速崛起，销售额稳步增长，利润丰厚，竞争力强，引领区域安全产业快速发展。

二、产业发展的政策措施得到完善

党的十九大报告"新时代中国特色社会主义思想和基本方略"中提出了"坚持总体国家安全观。统筹发展和安全，增强忧患意识，做到居安思危，是我们党治国理政的一个重大原则"，并明确要求"树立安全发展理念，弘扬生命至上、安全第一的思想，健全公共安全体系，完善安全生产责任制，坚决遏制重特大安全事故，提升防灾减灾救灾能力"。发展安全产业，提高行业的安全监管能力和本质安全水平，减少和消除生产安全隐患，发挥其对安全生产的源头治理和安全保障作用，有利于新时代中国特色社会主义安全观的建设和推进；大力发展安全产业，打造新的经济增长点，是学习贯彻习近平新时代中国特色社会主义思想的实际行动。

2017年1月12日，国务院发布了《关于印发〈安全生产"十三五"规划〉的通知》（国办发〔2017〕3号），对安全产业发展提出了进一步要求。《通知》要求"继续开展安全产业示范园区创建，制定安全科技成果转化和产业化指导意见以及国家安全生产装备发展指导目录，加快淘汰不符合安全标准、安全性能低下、职业病危害严重、危及安全生产的工艺技术和装备，提升安全生产保障能力"。《关于推进城市安全发展的意见》中明确要求："引导企业集聚发展安全产业，改造提升传统行业工艺技术和安全装备水平。结合企业管理创新，大力推进企业安全生产标准化建设，不断提升安全生产管理水平。"

此外，2017年3月1日，国家安监总局批准的25项安全生产行业标准正式施行；同年6月，科技部、国家安监总局联合发布了《安全生产先进适用技术与产品指导目录》，进一步加快了安全生产先进适用技术与产品的成果转化和推广应用；2017年11月，国家安监总局发布了《化工和危险化学品生产经营单位重大生产安全事故隐患判定标准（试行）》和《烟花爆竹生产经营单位重大生产安全事故隐患判定标准（试行）》等，这些政策措施的出台，对安全产业工作具有重要的指导作用。

三、各地积极谋划布局

在供给侧改革和去产能大背景下，安全产业作为各省市产业结构调整和工业转型升级的热门方向之一，全国各地很多有条件的地区都在积极布局和建设安全产业园区（基地）。继江苏省徐州安全科技产业园、辽宁省营口市中国北方安全（应急）智能装备产业园、安徽省合肥公共安全产业园区、山东省济宁高新区安全产业园4个产业园区被列为国家安全产业示范园区创建单位后，2017年，新疆、陕西等地纷纷制定安全产业发展的规划或进行研究，安全产业由东部向西部拓展的发展趋势凸显。其中，新疆是全国首个省级进行安全产业发展规划的地区，在促进新疆安全产业发展的同时，对全国安全产业发展将起到示范推动作用。

乌鲁木齐经济技术开发区（头屯河区）积极贯彻落实自治区党委、政府关于促进新疆安全产业发展的安排部署，充分发挥"一带一路"的区位优势，切实提升安全生产、防灾减灾、应急救援保障能力和水平，满足全社会对安全、健康和稳定的新需求。经开区（头屯河区）积极应对经济发展新常态，坚持先进制造业和现代服务业双核驱动，打造了以安全装备制造业和安全服务业为主的安全产业体系，安全产业规模已达 138.8 亿元左右。目前，区内拥有先进安全装备制造类企业 60 多家，安全服务类企业 20 多家。

四、产融结合激发安全产业发展动力

金融业支持安全产业继续发力，探索打造市场化金融服务平台。2017 年 6 月，组建区域性、行业性安全产业发展投资基金，为产业发展提供融资服务，引导社会资本设立了国内首只地方性安全产业基金和首只行业性安全产业基金——汽车安全产业发展投资基金。2017 年 9 月，民用爆破器材行业并购重组基金正式成立。该基金通过行政、法制、市场的有机结合，在政策的引导下，通过社会资本的介入，帮助民爆企业重组整合，以达到"十三五"行业规划中提出的"培育 3 至 5 家具有一定行业带动力与国际竞争力的民爆行业龙头企业，造就 8 至 10 家科技引领作用突出、一体化服务能力强的优势骨干企业"的目标。2017 年 11 月，徐工消防安全装备生产制造基地、中安智慧建筑安全装备制造基地等 5 个安全产业基金投资项目（总投资 50 亿元）、国家安全生产监管监察大数据平台徐州基地项目等 10 个安全产业投资合作项目在徐州成功签约。此外，安全产业投资基金还将与 2—3 个省级单位建立合作关系，在 3—5 个重点行业建立安全产业子基金，大力推动安全产业的发展。

五、我国本土企业加速崛起

与美国、欧盟等国家和地区相比，我国安全产业起步较晚。经过安全产

业企业自主研发的长期进行和国家政策的持续扶持，我国本土企业快速发展，部分企业凭借先进的安全技术或安全服务理念，在其所在的安全产业细分领域中越发突出。在道路交通安全领域，道路安全基础设施建设、车辆被动安全、车辆主动安全技术装备及服务、车联网及无人驾驶技术为当前道路交通安全领域的主要发展方向，其中车辆主动安全技术为当前道路交通安全产业发展重点。车辆主动安全技术包括车辆主动防撞技术、智能辅助驾驶技术及防疲劳技术等，目前北京泰远汽车自动防撞器制造有限公司、上海眼控科技股份有限公司等科研能力较强的企业，在道路交通主动安全产业中知名度较高，部分技术跻身世界领先行列；在建筑安全领域，建筑装备制造业对建筑安全的保障作用明显，远大华美的装配式建筑模式和北京韬盛科技发展有限公司的建筑工程安全防护标准化成套技术作为行业翘楚，体现了我国本土建筑安全领域的发展趋势；在消防安全领域，自动灭火系统、电气火灾报警系统、安全防护装备与新型阻燃材料等产品的生产、技术研发及成套服务等作为消防安全领域发展亮点，威特龙消防安全集团股份公司作为国家火炬计划重点高新技术企业，成为消防安全领域的排头兵之一；在安全服务领域，新疆云盾安防科技有限公司凭借自身安全生产科技咨询服务优势和在新疆长期发展取得的社会资源，有实力成为新疆安全服务领域的龙头企业。

第二节　存在问题

一、产业发展的推进机制尚需建立健全

当前，安全产业顶层设计不足，促进安全产业发展的体制机制亟待完善。在国家层面，工信部门和安监部门配合较好，而在地方则缺少必要的协调机制，特别是由于国家安全监管体制和处罚机制的影响，各级工信部门对于"安全"问题重视不够，没有明确与部级管理部门相对应的安全产业负责部门，也直接影响到促进安全产业发展上下沟通机制的建立健全。同时，在支持安全产业发展中，也缺乏与其他部委沟通联络机制，不能很好地利用各方

面资源促进安全产业发展。

安全产业支持政策急需落实。国家财政、金融、税收、保险等支持政策的指向不够明确，尚未在安全产业发展中发挥应有的推动作用。缺少细化分解的可操作细则来落实对安全产业发展的支持，市场培育力度不够。例如，保险业与安全产业是一对天生的合作伙伴，并且在国外已取得了一定的发展。但目前我国企业投保的积极性不高，覆盖率较低，且险种较少；《部分工业行业淘汰落后生产工艺装备和产品指导目录》尚未纳入需要被强制淘汰的不符合安全标准、安全性能低下、职业危害严重或危及安全生产的工艺、技术和装备。

二、安全产业规模较小

目前，我国安全产业已取得较快发展，产业规模已超过万亿元、企业超过 4000 家，但与经济发达国家相比，安全产业产值占比较小，尚属于弱势产业。究其原因：一是尽管明确规定了安全产业的定义，但政府相关部门及企业对安全产业认可度相对较低；二是国家统计局目前尚未有安全产业的专门统计口径，国家发改委也没有该产业目录。产业的社会认可度缺失，影响和制约了安全产业的发展。从实际情况看，以安全产业发展较好的合肥为例，安全产业为合肥高新区第二大产业，但与位列第一的家电制造业相比，相差甚远。

从部分地区来看，2017 年，乌鲁木齐经开区（头屯河区）安全产业发展势头强劲，但总体规模较小、产业类别不全。从经济总量看，全年规模以上工业企业总数为 120 余家，其中安全产业企业所占比例较小，发展还处于初级阶段，无法实现全区安全发展的目标，产业集聚程度尚待提高。从安全产业体系看，经开区（头屯河区）构筑了先进制造业、金融商贸物流、文化旅游健康、智慧产业"四大产业基地"，建立了相应的技术服务公共平台体系和科技金融服务体系，形成了覆盖研发、孵化、制造、检测检验、信息服务等较为完整的产业链条。但除主导产业之外，安全产业现有企业主要集中在产业链的中游即生产制造环节，上游的研发、设计和下游的市场服务、售后服务等环节比较薄弱。

三、安全科技基础薄弱

在我国经济新常态的背景下，技术和创新是促进安全产业发展的重要因素。当前，安全产业园区大部分都规划建设小微科技企业专业孵化器、科研院所孵化器、综合性科技企业孵化器，形成一区多园的孵化平台，以最大限度地发挥科技创新的示范引领和辐射带动作用。但我国支撑安全科技研发的检测检验、试验测试、安全科技支撑体系建设相对滞后，整体规划和系统设计不完善。一方面，产学研互动性还不强，"有技术没产业，有产业没技术"，科研院所产业化动力不足，产业科技"两张皮"现象突出，科技研发和产品推广缺乏足够支持；另一方面，对于安全产业具有针对性的研发平台体系还有待拓展，现有公共技术服务平台和创新服务平台如何对安全产业发挥作用还有待探索和挖掘，平台作用还未得到有效发挥。

四、标准工作亟须加强

标准对于产业的发展具有重要的支撑作用。我国安全产业标准制定工作取得了长足发展，但仍不够完善，缺乏统一规划。一是国家与行业两级标准间，以及各类行业标准间缺乏协调，标准对象存在一定的交叉、重复。例如，尽管我国煤炭行业已经制定了许多关于井下传感器和通信的标准，但远不能满足矿山物联网的快速发展需要，标龄老化问题日益突出。安全标准缺失已严重制约着矿山物联网的发展，影响着矿山物联网应用由工作面向采区、煤矿、矿区的拓展。二是标准没有统一的指导思想，既有单纯的安全标准，又有包括环境适用性能及安全性能等全部要求的总规范性质的标准；工业行业安全生产标准管理范围和起草渠道依然不够畅通，部委、协会和行业之间的沟通协调存在空白。三是新《安全生产法》为进一步健全安全生产领域法律法规体系以及各项制度、标准提供了有利条件，但相关的配套细则亟须落实到位，在国家规划、各项法律法规以及安全标准的框架下规范、有序发展。

五、园区建设尚不完善

当前，各地已经挂牌和正在建设的安全产业园区（基地）有十余家，仍存在目标规划不合理、建设趋同化竞争严重、园区配套设施不足等问题。例如，乌鲁木齐经开区（头屯河区）内的企业之间关联较弱。其先进制造业基地囊括汽车制造集群、工程机械、轨道装备制造集群、冶金金属制造业集群、新能源产业集群等，产业发展尤其集中于装备制造产业，与汽车主动安全、智能建筑等产业相关的安全产业企业数量较少，相互之间缺乏关联与合作。在安全产业企业相对集中的装备制造产业领域，安全产品主要是工程机械和矿用装备，除生产同类产品的企业之外，企业之间多相互独立，如以生产工程机械为主的三一重工与云计算产业集群中的企业可建立合作关系，通过"互联网＋"、信息技术改善矿山安全，而经开区（头屯河区）现有安全产业链上下游、互补等关联性不明显。安全产业龙头企业缺乏，无法发挥引领、带头作用；集群效应尚未形成，后发技术、资金优势不能充分体现；产业科技水平和集中度较低，发展速度严重受限，不利于推动企业间的竞争与合作。

第三节　对策建议

一、抓好安全产业发展的顶层设计

建立健全安全产业发展的顶层设计。紧紧围绕《中共中央国务院关于推进安全生产领域改革发展的意见》（中发32号文）部署"健全投融资服务体系，引导企业集聚发展安全产业"重点任务，创新思路，积极推进。依托智库机构、科研单位、社会团体等广泛开展我国安全产业发展战略研究，根据我国经济社会的发展和安全形势的需要，以及安全产业发展的变化趋势，出台明确支持安全产业发展的政策。第一，积极将安全产业纳入制造强国战略支持范畴；加快出台《国家安全产业示范园区（基地）管理办法》，推动安全产业集聚发展，确保园区创建规范，有序发展。第二，以《安全产业重点项目遴选管理办法》出台为契机，研究安全生产费用使用政策，支持安全领域新技术、新产品、新装备、新服务的发展；及时发布《推广先进安全技术装备目录》和《淘汰落后安全技术装备目录》，试行负面岗位清单制度，淘汰一批不符合安全标准、安全性能低下、危及安全生产的工艺、技术和装备，引导企业使用先进安全技术装备。

二、创新金融服务模式，激发市场活力

一是创新投融资模式。组建国家、地方、行业三级安全产业发展投资基金。建立覆盖各层级、多维度的安全产业投融资服务体系，为企业创新发展、安全产业园区建设和城市基础设施建设等提供金融支持。二是引导保险资金参与安全领域技术装备的推广应用。可借鉴《关于开展首台（套）重大技术装备保险补偿机制试点工作的通知》，由保险公司针对先进安全技术装备特殊风险定制综合险，直接将赔款补偿给安全技术装备的购买方，采取生产方投保，购买方受益的做法，以市场化方式分担用户风险。三是引导国家中小企业发展基金等投向包括安全产业在内的特色明显、创新能力强的中小企业。积极拓展和畅通安全产业企业上市及股权融资渠道，研究发行安全债券，发展安全装备融资租赁服务业等。

三、加强安全技术创新与产品应用

加强安全技术创新与产品应用。与国家安监总局、科技部联合编制《推广先进与淘汰落后安全技术装备目录》。开展安全技术装备试点示范。选择安全事故高发的交通、建筑领域，组织研究先进安全产品试点应用方案，引导企业创新商业模式，扩大市场规模。一是加快安全科技成果转化和先进技术装备推广应用，推进高危行业领域开展机械化、自动化、信息化、智能化改造，推动机器人、智能装备在危险场所和环节广泛应用，大力实施高危行业企业"机械化换人、自动化减人"工程。二是以智能安全技术和产品推广应用为重点，依托制造强国等重大战略，通过互联网、大数据、人工智能和实体经济深度融合，重点发展智能建筑安全装备、智慧城市安全监控管理系统、智慧矿山安全系统、智能交通安全管理系统、智能汽车主动安全系统、智能安全应急救援装备和信息化管理系统等。在提高安全生产、防灾减灾、应急救援所需的技术、产品和服务能力的同时，不断培育新的经济增长点。

四、建立健全安全产业标准体系

一是建立安全产业标准体系框架。全面梳理安全技术装备标准建设需求和存在的问题，逐步构建包括国家强制性标准、推荐性标准、行业标准、地方和团体标准、企业标准等在内的新型安全产业标准体系。尽快解决安全标准缺失、标龄老化、内容重复交叉等问题。建立政府主导制定与市场自主制定的标准协同发展、协调配套的新型标准体系，促进安全科技进步和产品推广应用。二是加快制修订一批关键急需的安全技术和装备标准。按照"急用先行、逐步完善"的原则，面向"两客一危"道路运输、煤矿、非煤矿山等重点领域推动一批专用安全装备国家强制标准的制定等。定期清理、及时制修订安全生产标准，通过标准，推广先进适用安全专用技术装备，加快淘汰无安全保障能力的企业，提高工业企业本质安全水平。

行 业 篇

第三章　道路交通安全产业

随着我国道路交通安全保障能力的不断提高，道路交通安全形势逐年好转，但总体来讲依然严峻。国家安监总局、交通运输部发布的数据显示：2016 年中国共接报道路交通事故 864.3 万起，直接财产损失 12.1 亿元，道路交通事故万车死亡率为 2.14，同比上升 2.9%。道路交通安全产业是为道路交通安全工作提供产品、技术与服务保障的产业，其目的是提高道路交通本质安全水平、促进道路交通安全工作顺利有序进行。发展道路交通安全产业能够从根本上减少重特大交通事故发生概率，提高人民路上生产生活的安全水平。

第一节　发展情况

一、道路交通基本情况

机动车驾驶人数量持续上升。交通运输部发布的《2016 年交通运输行业发展统计公报》（下简称《公报》）表明：截至 2017 年 6 月底，全国机动车驾驶人数量达 3.71 亿人，与 2016 年底相比增加 1381 万人，增长 4.22%；其中汽车驾驶人达 3.28 亿人，占驾驶人总量的 88.31%；驾龄不满 1 年的驾驶人 3217 万人，占驾驶人总数的 8.66%。全国有 16 个省级行政单位的机动车驾驶人数量超过 1000 万人，由多到少依次是广东、山东、江苏、河南、四川、浙江、河北、湖北、湖南、安徽、广西、江西、云南、辽宁、福建、北京，其中前 6 省的机动车驾驶人数量超过 2000 万人。

（万辆）

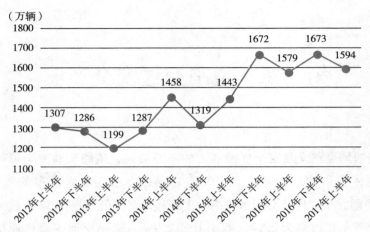

图 3-1 2012 年以来机动车新注册登记量半年变化情况

资料来源：交通运输部，2018 年 1 月。

机动车保有量快速增长。《公报》表明，截至 2017 年 6 月，全国机动车保有量达 3.04 亿辆，与 2016 年底相比增加了 938 万辆，增长 3.18%。2017年上半年机动车新注册登记量已达到了 1594 万辆，略高于上年同期水平。全国汽车保有量则达到了 2.05 亿辆，2017 年上半年汽车新注册登记量达 1322万辆，与上年同期基本持平。截至 2017 年 6 月，全国 49 个城市的汽车保有量超过 100 万辆，23 个城市超过 200 万辆，其中 6 个城市超过 300 万辆。

（万辆）

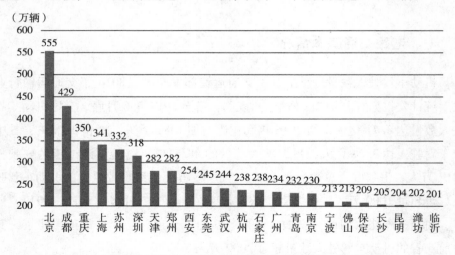

图 3-2 截至 2017 年 6 月全国汽车保有量超 200 万辆的城市

资料来源：交通运输部，2018 年 1 月。

公路建设稳步推进。《公报》指出了我国公路发展的三点现状。第一，公路覆盖水平和公路保养能力再次提升。2016 年末全国公路总里程 469.63 万公里，比 2015 年末增加了 11.90 万公里；公路密度 48.92 公里/百平方公里，增加了 1.24 公里/百平方公里；公路养护里程 459.00 万公里，占公路总里程的97.7%。第二，等级公路总里程及占比不断上升，总体道路质量越发好转。2016 年末全国四级及以上等级公路里程 422.65 万公里，比上年增加了 18.03 万公里，占全国公路总里程的 90.0%，提高 1.6%；二级及以上等级公路里程 60.12 万公里，增加了 2.63 万公里，占全国公路总里程 12.8%，提高0.2%；高速公路里程 13.10 万公里，增加 0.74 万公里；高速公路车道里程57.95 万公里，增加 3.11 万公里；国家高速公路 9.92 万公里，增加 1.96 万公里。

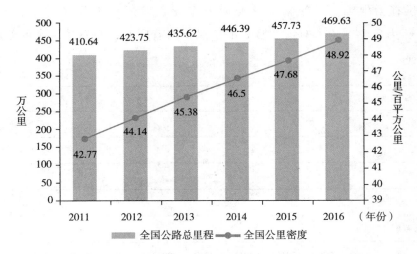

图 3 - 3　2011—2016 年全国公路总里程及公路密度

资料来源：交通运输部，2018 年 1 月。

二、道路交通安全事故情况

我国道路交通安全总体形势依然严峻，国家重视程度不断提高。国家安监总局、交通运输部于 2017 年 12 月 19 日联合发布的《道路交通运输安全发展报告（2017）》显示：2016 年中国共接报道路交通事故 864.3 万起，同比增加 65.9 万起，上升 16.5%；其中涉及人员伤亡的道路交通事故 212846 起，造成 63093 人死亡、226430 人受伤，直接财产损失 12.1 亿元；道路交通事故万车死亡率为 2.14，同比上升 2.9%；2017 年 1—4 月，我国道路运输领域发生较大以上等级行车事故起数和死亡人数较 2016 年同期明显上升，分别增加了 12.2% 和 16.2%。2015 年，交通运输部、公安部、国家安监总局联合发布了《关于印发 2015 年"道路运输平安年"活动方案的通知》（交运发〔2015〕23 号），决定开展为期三年的"道路运输平安年"活动，2016 年、2017 年，三部委联合相继发布了《关于印发 2016 年"道路运输平安年"活动方案的通知》（交运发〔2016〕46 号）和《关于印发 2017 年"道路运输平安年"活动方案的通知》（交运发〔2017〕31 号），将 2015 年开始的"道路运输平安年"工作逐渐变为常态化工作，为我国道路交通安全生产工作提供有力保障。近年来道路交通万车死亡率逐年下降（见图 3－4），2016 年为 2.14，在总体态势良好的情况下略有回升，与发达国家的差距仍然明显。

图 3－4　2007—2016 年全国道路交通万车死亡率

资料来源：交通运输部，2018 年 1 月。

第二节 发展特点

一、道路交通安全产业发展潜力巨大

全国公路里程持续上升，道路安全基础设施市场潜力巨大。《公告》显示：2016 年末全国高速公路里程 13.10 万公里，较上年同期增加了 0.74 万公里；高速公路车道里程 57.95 万公里，增加 3.11 万公里；国家高速公路 9.92 万公里，增加 1.96 万公里；年末全国通公路的乡（镇）占全国乡（镇）总数的 99.99%，其中通硬化路面的乡（镇）占全国乡（镇）总数的 99.00%、比上年提高 0.38 个百分点；通公路的建制村占全国建制村总数的 99.94%，其中通硬化路面的建制村占全国建制村总数的 96.69%、提高 2.24 个百分点。国务院办公厅早在 2014 年即发布了《关于实施公路安全生命防护工程的意见》（国办发〔2014〕55 号），公路安全设施建设及养护要求成为国家关注重点。在国家及下属各级政府对道路基础建设的持续重视之下，道路基础设施建设不断推进，公路安全生命防护工程持续实施，公路安全设施需求得以全面保障，道路交通安全基础设施的产品、技术及服务市场的发展空间逐渐从为建设提供保障为主向为养护提供服务为主进行转型。

汽车安全装备市场前景依然广阔。我国是当今世界最大的汽车市场，拥有世界首位的汽车产销量。2016 年我国汽车产销量再次攀升，产量 2811.88 万辆、销量 2802.82 万辆，同比分别增长 14.46% 和 13.65%，增幅比 2015 年分别提升了 11.21% 和 8.97%；轿车产量 1211.13 万辆、销量 1214.99 万辆，同比分别增长 3.91% 和 3.44%；SUV 产量 915.29 万辆、销量 904.70 万辆，同比分别增长 45.72% 和 44.59%；交叉型乘用车产销量则有所下降，2016 年产销量为 66.59 万辆和 68.35 万辆，同比分别下降 38.32% 和 37.81%。2016 年新能源汽车产销量较上年大幅度提升，2016 年产量 51.7 万辆、销量 50.7 万辆，比上年分别增长 51.7% 和 53%。新能源汽车产销量的大幅度提升是我国汽车能源清洁化政策的具体体现，不断增长的各型汽车产销量为我国车辆安全技术装备及服务市场的持续发展提供了保障。

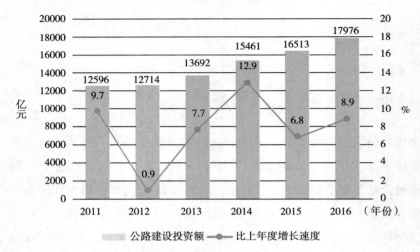

图 3 – 5　2011—2016 年公路建设投资额及增长速度

资料来源：交通运输部，2018 年 1 月。

二、车联网市场发展迅速

　　车联网在政策支持下快速发展。第一，2014 年交通运输部、公安部及国家安全生产监督总局联合发布了《道路运输车辆动态监督管理办法》（交通运输部令 2014 年第 5 号），对"两客一危"车辆出厂连入车联网进行了强制要求，能够有效保障"两客一危"车辆的运营安全水平，是车联网在我国从"两客一危"重点营运车辆到商用车、乘用车进行大规模强制性推广的滥觞。第二，工信部发布的《关于进一步做好新能源汽车推广应用安全监管工作的通知》（工信部装〔2016〕377 号）（以下简称《通知》），提出要"自 2017年 1 月 1 日起对新生产的全部新能源汽车安装车载终端，通过企业监测平台对整车及动力电池等关键系统运行安全状态进行监测和管理"，2017 年该政策得以顺利实施，车联网的普及推广又迈出了坚实的一步。《通知》依据新能源汽车安全需求，借助新能源汽车快速普及的发展机遇，在商用车、乘用车等新能源车辆上进行车联网的推广应用，有助于为车联网系统在各型车辆上全面铺开提供推广经验，有利于人民群众提高对车联网安全保障能力的认知水平，有利于车联网在下一阶段的快速发展。

车联网市场百花齐放。对于车内乘员，车联网的安全保障作用不但能为车内乘客提供紧急帮助服务，便于车内乘员及时应对突发事件，还可凭借专业化的外部服务减少驾驶人对车辆工况的监控负担，通过对车辆及车辆间的位置、速度、设备运行状况等基本参数进行交流互通，通过联网和信息交流、主动监督的方式提高车辆本质安全水平，减少事故发生，改善驾驶体验。国际主机厂具有前装优势，能够自主研发系统性的车联网络，并能提供售后服务，如通用汽车公司的 On Star、福特汽车的 SYNC、宝马公司的 iDrive、丰田的 G - Book 以及上汽集团的 inkaNet 等。后装车联网市场开放性更强，互联网公司、通信运营商及一些科技类公司均有加入，如中国移动的"车联网 T 平台"及 4G 多功能车机、四维图新的"趣驾"、百度推出的 Carlife 等。其中，受车辆主机厂配套能力强的影响，前装车联网与车辆硬件和车载电脑等内部信息系统的契合度更高，碰撞自动求助和针对车辆设备安全的专业性更强，车辆主机厂通常拥有自己的车联网大数据系统，有利于为用户提供鲁棒性良好的服务；后装车联网的优势则通过后装系统的一致性来体现，能够将不同种类、不同主机厂生产的车辆连入同一个网络，但该类车联网终端受 CAN 总线数据访问权限的影响，多局限于提高用户的互联网体验和多媒体体验上，安全保障能力较弱一些。

三、电子稳定控制系统市场面临新机遇

电子稳定控制系统（简称 ESC）又称车身电子稳定系统，是电子制动力分配系统（EBD）、牵引力控制系统（TCS）、防抱死刹车系统（ABS）、汽车动态稳定控制系统（DSC）等车辆主动安全系统的集成，通过在车内设置传感器，通过监控车辆行驶时各部件状态还原车辆运动方式，并以此对车辆运动进行稳定。美国公路安全保险学会研究表明，ESC 可减少 75% 的 SUV 单车翻车风险和 72% 的轿车单车翻车风险；可降低轿车和 SUV 单车事故中 49% 的死亡风险和多车事故中 20% 的死亡风险。据美国公路交通安全管理局统计，ESC 的推广减少了 32% 的轿车单车事故和 57% 的 SUV 单车事故。目前，本田、马自达、尼桑日产、斯巴鲁、铃木、丰田、奥迪、宝马、戴姆勒、克莱斯勒、菲亚特、通用、雷诺、大众、沃尔沃、福特等均拥有自己研发的电子

稳定控制系统。由于 ESC 在西方拥有成熟的推广经验和较高的商业化水平，北美和欧洲凭借政府的强制性推广规则和车辆安全评级机构的促进，成为了 ESC 装配率最高的地区。自 2011 年 9 月起，美国所有 4.5 吨以下车辆必须装配 ESC，并要求在 2012 年 9 月 1 日后，全部车辆必须加装整套 ESC 系统。而欧洲则要求自 2014 年 11 月起，所有乘用车和轻、中和重型车辆都要强制性安装 ESC。同时，日本、韩国的 ESC 装配率也高于世界平均水平。

2017 年 4 月 1 日，我国交通运输行业标准《营运客车安全技术条件》（JT/T 1094—2016）正式实施，要求在国内营运客车上强制性加装 ESC 电子稳定控制系统，是我国在交通安全领域通过强制性标准推广主动安全技术的重大举措。10 月 16 日至 18 日，2017Stop the Crash（"零事故零伤亡"）中国年暨全球汽车安全大会在上海汽车城召开，会上长城汽车（哈弗、WEY）、中国一汽（奔腾、红旗）、长安汽车（长安）、广汽乘用车（传祺）、吉利汽车（吉利、领克）、北京汽车（绅宝）、上汽乘用车（荣威、名爵）、东风乘用车（风神）等 9 家自主汽车企业的 12 个品牌共同发表了安全承诺，自 2018 年起的新上市车型，全系配备汽车 ESC。自此，我国开始了商用车领域的 ESC 强制性安装与乘用车领域的主动安装，ESC 市场机遇再次扩大。

四、无人驾驶技术前景利好

无人驾驶技术是车辆本质安全领域的顶级技术，是使汽车由人工控制彻底转变为自动控制，从根本上杜绝驾驶人违规违章、疲劳驾驶及危险驾驶的关键技术。随着无人驾驶技术的日益成熟，2017 年各国无人驾驶产业从政策、投资、技术发展方面都有长足发展。继美国联邦政府于 2016 年 9 月发布世界首部国家级自动驾驶汽车政策——《美国自动驾驶汽车政策指南》之后，2017 年 9 月 6 日，美国众议院一致通过了一项提案，该提案将阻止各州禁止无人驾驶汽车的上路，并允许汽车制造商在第一年就获得 25000 辆自动驾驶汽车的上路豁免权，即可在不符合现有汽车安全标准的状态下部署无人驾驶汽车，但汽车制造商先需证明其上路汽车至少和现有汽车一样安全，并要向监管机构提交安全评估报告。该法案的提出为美国加快无人驾驶汽车实地路测和产品上路扫清了障碍，虽然该法案还需参议院进行审议，但在特朗普政府的强势推广下，法案实施有望。

在融资方面，国际上多个创业项目于 2017 年创立或获得了巨额融资。2 月 10 日，福特以 10 亿美元收购了刚创立 3 个月的 Argo AI 人工智能公司的绝大部分股权，未来 5 年中，该笔款项将陆续投入到 Argo AI 的研发之中，以期在 2021 年实现二者合作研发的自动驾驶汽车量产上路。4 月 19 日，百度发布了 Apollo 共享平台计划，将"向汽车行业及自动驾驶领域的合作伙伴提供一个开放、完整、安全的软件平台"，以发动群力提升我国自动驾驶行业整体发展速度，该平台于 2018 年 1 月 9 日正式升级为"阿波罗 2.0"，自动驾驶生态系统功能更加丰富强大。2017 年 6 月 28 日，由斯坦福大学的 8 名人工智能研究员创立的 Drive. ai 宣布获得 5000 万美元 B 轮融资，曾任百度首席科学家、领导百度的人工智能研究的吴恩达进入该公司董事会；三个月后又获得了来自东南亚打车平台 Grab 的 1500 万美元投资。9 月 26 日上午，中美双栖的无人驾驶企业景驰科技宣布完成包括 3000 万美元天使投资在内的 Pre – A 轮 5200 万美元融资，此轮投资能够促进景驰提高研发能力和扩大生产规模，加速 L4 无人驾驶车队的回国落地。10 月 20 日，目前为 95% 以上的美国人口服务的美国打车服务公司 Lyft 宣布获得由谷歌母公司 Alphabet 旗下投资公司 CapitalG 领投的 10 亿美元融资，融资后 Lyft 市值将由 75 亿美元升为 110 亿美元。世界各新兴无人驾驶公司纷纷获得融资，表明当前自动驾驶技术发展已越发接近大规模应用阶段，整体投资前景利好。

第四章 建筑安全产业

建筑安全产业是为保障建筑施工安全运营而提供产品、技术和服务的产业，其主要产品如装配式建筑在全国推广迅速，智能脚手架普及程度也在逐步提高。建筑安全装备和技术在不断升级过程中，有效保障了施工效率的提高，同时降低了建筑安全事故。但在发展过程中，建筑安全产业也出现了企业及施工人员对先进安全装备重视程度不够、传统落后的产品市场占有率高、部分建筑安全产品行业准入门槛偏低、先进安全装备推广不力等情况，阻碍了建筑安全产业的发展，也不利于提升建筑行业本质安全水平。

第一节 发展情况

一、建筑市场发展迅猛

2017 年，我国建筑业保持了平稳增长的态势，行业可持续发展能力显著增强，市场主体行为得到了进一步规范，法制建设、市场监管手段逐步完善，引导建筑市场健康、平稳发展。国家统计局发布的数据显示，我国建筑业 2017 年的总产值达 213954 亿元，同比增长 10.5%，房屋施工面积为 131.72 亿平方米，同比增长 4.2%；房屋新开工面积 178654 万平方米，同比增长 7.0%，其中住宅新开工面积增长 10.5%。施工项目计划总投资 1311629 亿元，比上年增长 18.2%，增速比 1—11 月回落 0.5 个百分点；新开工项目计划总投资 519093 亿元，同比增长 6.2%，增速与 1—11 月持平。

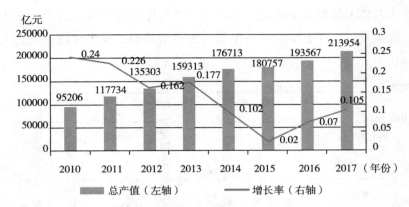

图 4 – 1　2010—2017 年全国建筑业总产值及增速

资料来源：国家统计局，2018 年 1 月。

二、建筑安全形势严峻

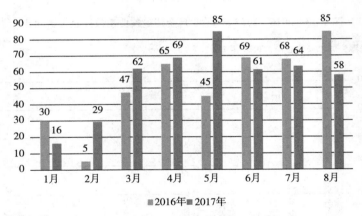

图 4 – 2　2016、2017 年 1—8 月全国建筑业事故次数对比

资料来源：国家安监总局，2018 年 1 月。

国家安监总局统计数据表明，2017 年 1—8 月全国建筑行业共发生安全生产事故 444 起、死亡 540 人；比上年同期事故次数增加 30 起、死亡人数增加 56 人，同比分别上升 7.25% 和 11.57%，安全生产形势严峻。各月份中除 1、2 月由于春节放假原因导致事故较少以外，其他月份事故次数及死亡人数无明显规律。其中一般事故 424 起，死亡 460 人；较大事故 20 起，死亡 80 人，未发生重大及以上等级安全事故。各类事故中高处坠落发生次数及死亡人数均最大，较大及以上等级事故中坍塌为主要事故类型，发生次数及死亡人数均占一半以上。

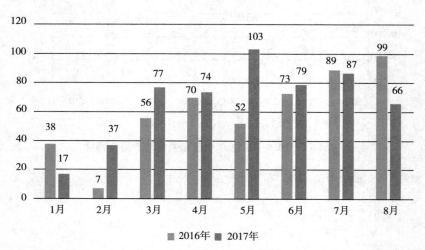

图4-3　2016、2017年1—8月全国建筑业事故死亡人数对比

资料来源：国家安监总局，2018年1月。

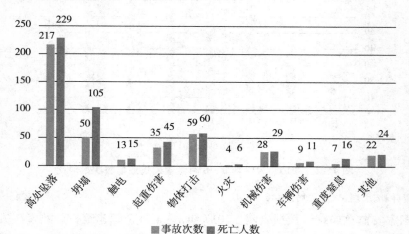

图4-4　2016、2017年1—8月全国建筑业不同类型事故次数及死亡人数对比

资料来源：国家安监总局，2018年1月。

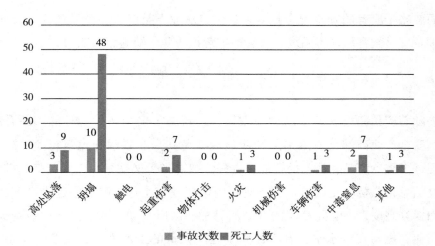

图 4 – 5 2016、2017 年 1—8 月全国建筑业较大及以上等级事故次数统计

资料来源：国家安监总局，2018 年 1 月。

第二节 发展特点

一、建筑安全主体意识薄弱

2017 年建筑行业的安全生产事故次数和死亡人数较 2016 年均有所增长，快速发展建筑安全产业，提高产业对建筑行业的安全保障水平已经成为社会迫切的需求。但从目前事故诱发因素来看，建筑安全的主体意识薄弱仍是引发事故的主要原因。

首先，安全防护投入严重不足。企业建筑施工中，为了节约成本、缩短工期等目的，相应的技术装备，如安全脚手架、防护网、防护绳等配套不足或质量不过关等现象较为普遍，有的产品甚至以次充好，严重威胁到施工安全。其次，安全生产资金落实不到位。建筑业的投资仅占 GDP 的 7.73‰，低于各行业平均水平，而投入到建筑安全生产领域的资金更少。建筑业在 2017年新开工项目较多，净利润增速有所回升，但新签订单多集中在大型建筑企业。中小建筑企业行业竞争力在逐步下降，业绩和订单量有不同程度减少，从而忽略了应有的安全资金投入。最后，从业人员综合业务素质不高，岗前培训及安全教育培训不系统，自我保护意识淡薄，缺乏急救能力。

二、建筑安全产业高端化发展形势初显

随着产品和技术的不断创新发展，建筑施工安全防护标准的不断升级，建筑安全产业高端化发展形势初步显现。尤其是互联网和建筑行业的融合，更促进了重点产品和技术的智能化进程。智能脚手架就是在传统爬架基础上，经过信息化、智能化改造而来，它可吸附于建筑本体，随楼宇建设高度的升高而提升高度，不必随楼层的升高而另加装新脚手架，并将高空作业变为低空作业，提高安全水平，有力保障了施工人员的生产安全，又节省了钢材，提高了工效，具备良好的社会和经济效益。数字化工地在部分城市已经开始启动，施工人员自进入现场开始，要经过门禁识别、安全帽上的二维码识别等工序，同时施工现场还安装了多个摄像头，及时发布和接收信息，实行全方位综合管理，并与政府安全管理信息平台对接，实现建筑施工全面数字化监管。

企业的高新技术转型升级也在如火如荼地进行。建筑领域内的部分行业领军企业，已经意识到改变传统经营模式、更新换代老旧产品及技术是未来争夺建筑市场的重要举措。北京韬盛科技发展有限公司是行业改革的先行者，它率先在行业内研发生产并投入使用集成式电动爬升模板系统、集成式升降操作平台、附着式升降脚手架、带荷载报警爬升料台、施工电梯监控系统、工具式盘梯等为主导的系列产品，填补了建筑行业设备安全的空白，解决了行业难题。其中集成式升降操作平台、附着式升降脚手架（TSJPT9.0型）具有国际领先水平。

三、建筑市场环境持续优化

2017年，国家出台了部分政策法规来优化建筑市场环境。国务院办公厅印发了《关于促进建筑业持续健康发展的意见》（国办发〔2017〕19号），从政府简政放权、完善工程建设模式等方面开始，到加强安全生产监管，再到推动建筑产业现代化进程、加快建筑企业走出去等方面结束，提出了一系列

意见和建议，为建筑产业的改革指明了方向，更助力建筑市场良性发展。

目前，建筑市场环境持续优化，市场准入条件越来越完善，公共服务平台受益面越来越广，项目审批越来越公平。非法违法现象大幅度降低，工程款支付担保等经济、法律手段有效保障了工人利益，工程造价计价规则更加清晰明确。多种方式持续优化了建筑市场环境，为提升工程安全水平打下了坚实基础。

第五章　消防安全行业

消防安全产业是为消防安全提供技术、产品与服务保障的产业，消防安全装备主要包括消防装备产品、灭火系列产品、阻燃系列产品、防火系列产品、火灾探测报警产品和消防供水器材等。2017年，全球的消防市场已逾93亿美元，预计2017年到2022年的年复合增长率达9.7%，其中，煤矿、石油行业需求增加最快。随着智能制造和"互联网＋"的发展，消防分析软件的需求量将快速增长，同时随着国家不断出台政策推动新能源汽车发展，与之配套的消防设备扩大市场需求。全面发展智能化消防模式，运用物联网、云计算、地理信息、移动互联等现代化信息手段，是消防安全产业未来的发展趋势。

第一节　发展情况

一、行业发展历程

我国消防安全产品生产企业的数量从全国不足100家发展至今已超过6000家，从事消防装备产品生产的企业无论是数量上还是规模上都发生了质的变化。从基本上由国家出资建设的国营企业，经历了国家取消了消防产品生产销售备案登记制度，逐步建立了消防产品市场准入制度的漫长过程，我国消防市场的格局随之发生了巨大变化，利益驱动引发大量民营企业的积极加入，不仅促进了消防装备行业的发展，也为消防装备市场良性竞争带来勃勃生机。随着我国经济、城镇建设步伐加快，促使消防安全装备产业快速发展成型；我国"十二五"规划纲要中明确提出"增强消防等防灾能力"的要求，无疑为消防安全产业的发展展示了美好前景、带来新的机遇。消防体制改革进一步加深，《新消防法》的调整完善，智慧消防强化推进以及一系列有关消防安全的利好政策的出台，我国消防安全装备不仅要站稳中国市场，为我国城镇建设、经济发展保驾护航，更要为走向国际市场、与国际接轨做好准备。

国家对消防体系建设的资金投入持续加强，市场对消防安全装备产品的科技含量要求越来越高，需求也在不断扩大。各级政府对消防安全装备产品的质量越来越重视，对消防安全装备的标准及监管体系的建设也日趋完善，安全服务社会化的理念得到空前的深入贯彻，消防安全意识普遍得到重视，安全产业领域改革创新的强劲势头带动了消防安全装备的创新发展。经过数十年的发展，我国消防安全装备产业焕发了勃勃生机，乘势壮大发展。

二、消防安全现状

随着我国经济的迅猛发展，城镇建设智慧化进程加快，促使消防技术装备加快更新的步伐，努力适应城市的发展，但我国消防技术装备落后于地方经济建设由来已久，与地方经济建设相适应还任重道远，安全事故、安全隐患严重威胁着人们的生命财产安全；随着我国经济建设的发展，各类化工和易燃易爆的灾害事故时有发生；随着城市建设的日新月异，高层建筑如雨后春笋拔地而起，高层建筑、人员密集的场所、地下工程、危化品泄漏等引发的爆炸火灾，建筑物垮塌、交通安全事故等等灾害，都给消防安全工作带来了极大挑战。人们更加深刻地认识到，社会经济发展与灾害事故的隐患同步增长，社会的繁荣更要防范灾难的发生，消防安全行业是保障人民生命财产安全，直接关系到国家经济发展的速度与质量的至关重要的行业。

消防安全虽然受到极大关注，人们对消防安全的重视程度加强，但是随着新设备、新材料的广泛应用，城市人流、物流量的逐年递增，生产、生活用火、电、气、油的用量呈增加趋势，又由于历史遗留问题不能得到及时有效解决，致使火灾发生的概率、造成的财产损失及人员伤亡与上年同期相比虽稍有减少，但成效并不显著。据最新统计，2017 年 1—10 月全国共接报火灾有 21.9 万起，死亡 1065 人，伤残 679 人，经核准直接财产损失 26.2 亿元，同比分别下降 21.3%、17.7%、29.9% 和 24.7%。其中较大火灾 50 起，与上年同期相比减少 7 起，同比下降 12.3%；重大火灾 3 起，而上年同期未发生重特大火灾。

表 5-1　2017 年全国重特大火灾

日期	事故概况
2 月 2 日	浙江足浴店火灾致 18 死 18 伤
2 月 14 日	福建漳州芗城区石亭镇高坑村一摩托车维修店发生火灾，致 6 死 2 伤
2 月 25 日	南昌红谷滩新区白金汇海航酒店工人违规焊割造成火灾，致 10 人死亡，9 人受伤
5 月 25 日	河南省平顶山市鲁山县康乐园老年公寓发生火灾，致 39 人死亡，6 人受伤
6 月 5 日	山东临港区团林镇埃沟一村的临沂金誉石化有限公司装卸区一液化气罐车在装卸作业时发生爆炸，致 8 死 9 伤
11 月 18 日	北京市大兴区西红门镇新建村发生火灾，造成 19 人死亡，8 人受伤
12 月 1 日	天津市河西区友谊路与平江道交口处一大厦 38 层发生火灾，造成 10 人死亡，5 人受伤

资料来源：赛迪智库整理，2018 年 1 月。

三、消防安全装备市场现状

消防行业是一个新兴蓬勃发展的行业，消防行业在 2005 年至 2014 年间，它的市场容量以 14% 的增速发展。以消防产品使用领域来划分消防安全装备市场，大致划分为民用建筑市场、行业应用市场和消防部队装备市场三大板块。

消防产品民用建筑市场涉及房地产业和教育、卫生、文体以及政府等公共设施建筑领域。其中房地产业的民用建筑市场是目前消防产品的主要应用领域之一。我国房地产建设自 2000 年以来得到迅猛发展，而房地产业对消防产品的需求促进了消防安全产业的发展。根据我国《建筑消防设计规范》《高层民用建筑设计防火规范》中的明文规定，以及其他相关设计规定与行业经验，住宅建筑每平方米消防投入约占建筑安装总投资的 2%—5%，办公与商业建筑每平方米消防投入约占建筑安装总投资的 5%—8%，与此相关的设计规定与行业经验也为此做出科学佐证。以 2014 年为例，全国房地产开发投资总额为9.50万亿元，其中住宅开发投资额就占了6.44万亿元，而2014年民用建筑消防市场规模粗略估算则达到2800多亿元。

行业应用市场主要包括石化、冶金、电力、通信等，这一领域是消防产品的重要应用领域。危化品极易引发工业火灾，这类火灾具有形式多样、火势发展速度快、爆炸危险性严重、扑救难度大、损失及影响重大等特点。其中石油、化工、冶金、电力等因为具有工业生产流程复杂，设备种类繁多，技术性较强，在生产过程中使用的原材料、半成品、成品以及传输设备等大都属于易燃、易爆材质，所以极易引发火灾和爆炸事故，破坏力极大，造成的影响十分恶劣。近十年我国发生的重特大火灾中，石油、化工企业发生的火灾占到20%以上。据统计，我国在石化、冶金等制造业与电力、通信方面的建筑安装工程中，每年的投资总额超过3万亿—5万亿元，按《建筑消防设计规范》中规定的工业消防投入占建筑安装投资额平均3%计算，在行业应用方面的消防投资需求达到上千亿元。近年来，安全事故显示，我国交通工具引发的火灾事故日益增多，呈上升趋势。其中公交车特大火灾，汽车自燃、船舶、火车等日常交通工具成为威胁人民生命财产的安全隐患，已经引起相关部门和企业的高度重视，以及全社会的广泛关注，致使消防安全产品在交通领域中的应用需求不断扩大，前景广阔。一方面，由于社会消防意识、消防安全的认知不断强化，交通工具的发动机、控制室等重要部位对消防产品的需求增加，导致高质量的消防产品创新问世；另一方面，经历了国际金融危机动荡后，国家加大了对铁路、公路、机场等交通基础设施的投资，随着交通基础设施的大规模建设，伴随而来的必然是火车站以及机场建设，势必拉动行业市场对消防安全产品的需求。

消防部队装备是消防产品行业的细分市场之一。在城市、城镇及重大工业场所建立消防站以确保人民生命财产安全，已日益引起了各级政府的重视，国家消防部队装备无论是数量上还是等级质量上都得到了改善。随着我国城镇化进程的快速推进，政府所承担的消防责任逐步明确，消防部队业务经费得到切实落实，《城市消防站建设标准》修订完善并得到严格执行，我国消防部队的装备需求逐年加大，对各类消防车、个人防护装备等消防产品的采购力度加大。据《中国消防年鉴》1999—2001年数据统计，西方发达国家每年消防机构经费占国内生产总值的比重平均为0.26%，英国占0.21%，美国占

0.24%，日本占0.33%。我国的消防投入与西方发达国家相比明显偏低，如北京、上海、广州等较发达地区的消防经费占GDP的比重达到0.1%以上，而大部分地区占GDP的比重仅为0.05%左右。随着我国经济的发展，势必带动消防产品的市场容量快速发展。

第二节　发展特点

一、新型消防技术装备应需而生

我国现代控制技术、电子技术、制造技术、网络技术、数字化技术、卫星应用技术、纳米技术等新兴技术得到空前快速发展，随着新工艺的不断涌现，新材料的层出不穷，并在高端领域不断投入应用，无疑为消防安全行业的发展提供了前所未有的契机。火灾机理的研究、火灾智能探测技术和产品的创新，细水雾（Water Mist）灭火技术、"互联网＋消防"等高尖端的消防安全领域的开发应运而生。另一方面，石油石化、煤化工等易燃易爆危险品火灾爆炸事故频发，带来灾难性的后果，而传统的消防手段难以应对，由此催生了对国际前沿的主动防护技术的研究和应用，对工艺过程的消防技术和应用技术的关注也得到了极大的提高和改善。本着关注社会及人民生命财产安全的理念，近年来，针对高大空间、地下冻库、地下隧道、特殊场合等特殊应用领域的消防技术需求不断被挖掘，促进了消防传统技术向消防高端创新领域发展。

近年来，新能源汽车需求量预期快速增长，随着"智慧消防"理念的深入，也拉动了配套消防安全装备的需求。国家对新能源汽车的引导鼓励政策陆续出台。据国务院下发的《节能与新能源汽车产业发展规划（2012—2020年)》，纯电动汽车和插电式混合动力汽车生产能力预计到2020年将达到200万辆，累计产销量将会超过500万辆；2015年3月，交通运输部下发《关于加快推进新能源汽车在交通运输行业推广应用的实施意见》，明确提出，到2020年新能源汽车在城市公共服务用车中的比例不低于30%，其中京津冀地区不低于35%；2016年2月，国务院明文确定，中央国家机关和新能源汽车推广应用城市的政府部门及公共机构购买新能源汽车占当年配备更新车辆总量的比例由30%提升到50%。随着新能源汽车大量涌入市场，必将扩大电池箱专用自动灭火装置的市场需求量，智能消防装备问世指日可待。

二、行业内兼并重组加剧

我国的消防行业多以民营企业为主，近几年随着国内不少从事消防产品的知名企业被国外大企业兼并收购，或被国外资本参股或控股，比如中国消防企业集团有限公司、上海金盾消防安全设备有限公司、南京消防集团有限公司、广东胜捷消防企业集团、莘联（中国）消防设备制造有限公司、海湾集团、首安工业消防有限公司等。因此我国自有消防企业若要谋取更大发展，势必要在资本市场强强联合、互助互利，通过并购整合行业内的既有资源，做强做大，站稳中国消防市场。

三、市场竞争日趋理性化

我国消防行业日渐形成"大行业、小公司"的局面，消防产品制造企业几乎遍布全国，但是在全国6000多家消防产品生产企业中能形成企业集团化、产品多元化的屈指可数，排名前30的消防产品企业所占的市场份额还不到10%，严重打击了企业创新的积极性，导致消防产品市场秩序的建立者和领导者匮乏。相比美国消防行业集中度高，如霍尼韦尔、泰科等企业无论是规模上，还是市场领导者的角色上都当之无愧。我国消防企业上市公司仅有2家，面对消防市场急需秩序建立者和领导者，那些未来主攻战略方向正确且有较强自主研发能力、具备品牌与质量优势、拥有较强市场把握能力和资金实力的消防安全企业，应抢占先机、抓住机遇，做大做强，争取成为消防行业领导者。

相比高端消防产品的低迷，低端消防产品市场却竞争激烈，中端消防产品市场竞争温和。一直以来消防行业的毛利率中等偏低，约一半消防产品企业主营产品的毛利率在10%以下。这类企业多属于从事传统消防产品生产，规模较小的厂商，由于技术、资金、规模等诸多因素的限制，仅停留在生产少数几个规格产品的水平，不仅产品品种单一，又缺乏品牌与技术支持，只能拥挤在低端消防产品市场；为了争夺低端消防产品市场，价格成为最主要的竞争手段和砝码，竞争十分激烈，影响了消防产品市场健康发展。而消防行业内实力较强的消防产品生产企业则主要通过产品售后服务、产品的质量、品牌效应、产品的性价比等手段在消防产品中高端市场内展开竞争，相对而言毛利率较高；极少数有实力的大型消防产品生产企业则通过设立或兼并方式进入消防工程设计与施工领域，逐步发展为既能提供产品，又能提供相应消防设计、施工与维护于一体的消防系统方案，又能够应用自己在生产过程中积累的产品经验，直接服务于终端用户，提高对终端用户消防产品安装的技术指导的一体化企业。

从消防行业发展趋势上看，随着竞争的不断深入，行业集中度将不断提高，从事消防产品的企业运作日趋规范。一方面，随着消防行业的不断发展，很多企业已认识到企业单纯依靠"价格战"占领和扩大市场已无法生存，市场竞争的科学理念、法则日趋理性化，今后市场竞争的热点将由"价格战"逐步转向消防产品创新及产品性能、产品质量以及产品售后服务的提高；另一方面，消防行业监管日趋规范。截至目前，涵盖消防法律、消防法规、消防规章、其他消防行政规范性文件与消防标准规范五个层次的较为完善的消防法制体系已经建立。将近300项国家标准和消防行业标准得到贯彻落实，为消防产品质量安全和消防行业的可持续发展，建立完善了全国统一、规范有序的制度体系。

第六章 矿山安全产业

矿山开发是我国生产领域的高危行业之一，是政府安全监管的重点领域。我国对矿山安全持续投入大量人力、财力、物力，但受矿山赋存条件、开采方式、机械化水平、员工安全素质等因素的限制，我国矿山安全生产基础依然较为薄弱。矿山安全产业是为矿山安全提供产品、技术与服务的产业，对提高矿山安全生产水平、保障生命和财产安全、实现本质安全至关重要。目前，我国已初步形成较完备的矿山安全产品体系，矿山安全服务在向市场化发展阶段。在国家安全生产和淘汰落后产能等政策大力推动下，矿山安全产业通过集聚发展将为矿山安全生产活动提供更有力的支撑。

第一节 发展情况

一、矿山安全生产基本情况

采矿业是我国国民经济重要支柱产业，实现矿山安全生产是保障能源供给、建设和谐社会的重要内容。为快速推进工业化、城市化进程，我国每年仍然需要消耗大量资源。2017 年 5 月，科技部、国土资源部、水利部联合印发《"十三五"资源领域科技创新专项规划》，指出，我国经济发展进入新常态，对主要矿产品仍有强大而稳定的需求。《全国矿产资源规划（2016—2020年）》指出，到 2020 年，国内资源保障基础进一步夯实，重要矿产资源储量保持稳定增长，矿山规模化集约化程度明显提高，大中型矿山比例超过 12%，重要矿产资源储量保持稳定增长，主要矿产资源产出率提高 15%。国家安监总局数据显示，截至 2016 年底，全国有近 7910 座煤矿和 34736 座非煤矿山，较 2015 年分别减少 1688 座和 3143 座。虽然矿山数量减少，但数量众多的小型矿山安全条件差、装备简陋，地质灾害严重，基本不具备灾害防治能力。随着开采深度的增加，我国矿山开采面临高压、高冲击、高瓦斯等恶劣条件，矿山安全生产压力增大。

图 6-1　我国煤矿和非煤矿山数量

资料来源：国家安监总局网站，2018 年 1 月。

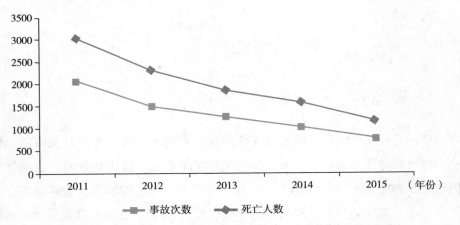

图 6-2　"十二五"期间我国矿山安全生产事故次数和死亡人数

资料来源：国家安监总局网站，2018 年 1 月。

近些年，我国矿山安全生产形势不断好转，安全生产事故次数和死亡人数逐步下降。到"十二五"末，我国矿山安全生产事故总数已下降到 1000 起以下，为 787 起，死亡人数为 1171 人。然而，同发达国家相比，我国矿山重特大事故时有发生，安全生产状况形势严峻。2016 年，我国煤矿领域发生安全生产事故 249 起、死亡 538 人，非煤矿山领域发生安全生产事故 324 起、死亡 410 人，矿山事故和死亡人数总量是美国、澳大利亚等国家的 20 倍左右，差距依然明显。

二、矿山安全产业持续发展

矿山领域是安全产业重点涉及和发展的领域。随着矿山领域安全生产需求的不断加大，矿山安全产品的需求量和市场规模逐渐扩大。初步统计表明，我国矿山安全产品研发企业超过 2000 家，市场规模已超过万亿元人民币。机械化是矿山减员增效，提高安全生产的重要途径。受近几年国际金属价格低迷，国内调结构去产能的压力，我国金属采选业市场需求不足，但每年新增固定资产金额仍保持了低速增长，其中有色金属逐渐占据过半份额。2015 年我国金属采选业新增固定资产金额超过 2600 亿元。

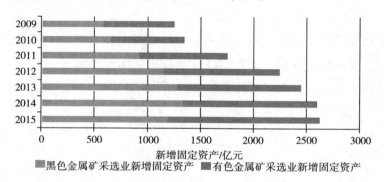

图 6 – 3　2009—2015 年我国金属采选业新增固定资产金额

资料来源：国家统计局网站，2018 年 1 月。

目前来看，矿山机械已初步具备产业化基础，未来有望成为矿山安全产品领域的突破点。在近几年工程机械行业整体情况不佳，行业出现调整，分化持续加剧，整体利润下降的情况下，矿山机械虽然受去产能等因素影响市场容量增长速度减缓，但产品盈利能力有所上升，国内矿山机械市场持续发展。据中国工程机械工业协会统计，2015 年我国矿山机械国内市场容量较上一年小幅增长，为 4161.75 亿元。

同时也应该注意到，我国矿山的自动化程度仍有待提高，矿山物联网和地下通信网络的建设水平，以及从业人员的素质、企业主对安全投入的认识等仍制约着矿山安全产品的广泛应用。尤其是非煤矿山领域，整体生产方式落后。在产业升级的背景下，矿山安全企业增加科技创新投入，谋求转型升级，积极应对挑战已经成为当前的主旋律。

图6-4 2010—2015年我国矿山机械市场总容量

资料来源：中国工程机械工业年鉴，2018年1月。

在矿山安全服务领域，我国已初步形成由矿山技术创新、投融资、安全咨询检测、安全评估评价、教育培训等组成的矿山安全服务体系，为矿山领域安全生产、防灾减灾和应急救援提供了有力的支撑。

第二节　发展特点

一、矿山安全产业市场潜力大

我国经济发展进入新常态，矿山企业进入转变增长方式，发展先进产能时期。2017年，煤矿、非煤矿山安全生产"十三五"规划相继出台。按照规划，到2020年，煤矿要达到死亡人数下降15%以上，非煤矿山要达到生产安全事故次数和死亡人数下降10%的目标。要实现煤矿采掘部署和生产系统优化，非煤矿山企业规模化、机械化、标准化水平明显提高，并要建设一批"机械化换人、自动化减人"示范工程和"五化"（规模化、机械化、标准化、信息化、科学化）示范矿山。

在相关支持政策方面，从 2010 年开始，国家安监总局每年定期发布适用领域更为广泛的《安全生产先进适用技术、工艺、装备和材料推广目录》，推广国内最为先进的安全技术、工艺、装备及材料，该目录大大提升了技术及装备的整体水平，促进了矿山领域的智能化、信息化发展。2015 年，国家安监总局出台了《开展"机械化换人、自动化减人"科技强安专项行动的通知》（以下简称《通知》），其目的是为推动更多企业安全生产实现"零死亡"目标，从根本上有效防范和遏制重特大事故发生。《通知》要求煤矿领域实现煤（岩）巷掘进和煤矿综采工作面机械化自动化，在大型金属非金属矿山开采方面均采用井下信息采集与高带宽无线通信、精确定位与智能导航、空区三维激光扫描测量、智能爆破、智能调度与控制等技术，应用自动化的采掘凿岩台车、装药车、铲运机、地下运矿卡车、多功能辅助台车等装备与充填自动化系统，实现凿岩、装药、出矿、运搬、充填等生产工艺的机械化、自动化、连续化。

据 2018 年 1 月统计，《金属非金属矿山禁止使用的设备及工艺目录》中 9 类 28 项禁止使用的设备及工艺平均淘汰率达 94.2%，已淘汰非阻燃电缆等 3 类非阻燃材料 542.8 万米，非定型竖井罐笼等 15 类设备 5.3 万套（个），横撑支柱采矿法等 8 类工艺 2.3 万项。2017 年，又推出包含 50 项内容的《煤矿安全生产先进适用技术装备推广目录（第三批）》，以及《矿用电梯安全技术要求安全标准征求意见稿》。政策的持续密集出台，显示着矿山安全的重要性，也为矿山安全产业发展提供了良好的政策基础和市场推动力。

二、"走出去"的新机遇

我国矿山安全企业具备参与国际分工合作的基础。据统计，2015 年我国矿山机械已连续 8 年实现进出口贸易顺差，其中出口总额为 14.69 亿美元，进口总额为 3.19 亿美元，贸易顺差为 11.5 亿美元。矿山机械产品出口是矿山行业实力增强的体现，这在某种意义上反映了我国矿山机械在价格上的优势，也反映出在我国设备产品性能和质量的提高。

聚焦未来国际矿业的发展，"一带一路"倡议将为矿山安全产业发展带来新的机遇。"一带一路"沿线国家是世界矿物原材料的主要供给基地,矿产资源极为丰富,但相关基础设施建设落后,安全装备和技术缺乏。"一带一路"倡议将推进沿线国家的基础设施建设,使多个国家的矿业相关产业汇通起来,形成优势互补。在徐州举办的国际安全产业大会上,乌克兰、土耳其等国家都曾表示出对我国安全装备和技术的浓厚兴趣。通过落实国家"一带一路"倡议,矿山安全企业正面临着在更大范围、更高水平上拓展发展空间的重要契机。

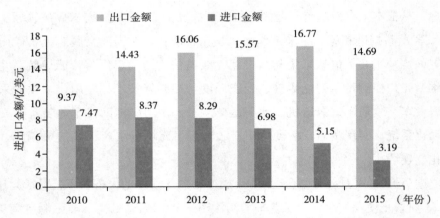

图6-5　2010—2015年我国矿山机械产品进出口金额

资料来源:中国工程机械工业年鉴,2018年1月。

三、科技创新助推信息技术与安全生产深度融合

随着国内矿山机械用户特别是大型矿山机械用户在矿山开发技术和设备采购等方面与国际逐步接轨,以及供给侧改革、提质增效、绿色、安全、数字、智慧矿山等政策的逐步落地,国内矿山安全装备要求的技术性能逐步提高,推动我国矿山安全产业不断创新,智能化成为矿山安全未来的发展方向。2016年11月,国土资源部发布了《全国矿产资源规划(2016—2020年)》,明确提出未来5年要大力推进矿业领域科技创新,加快建设数字化、智能化、信息化、自动化矿山,采矿业的智慧化建设开始进入新阶段。

物联网、大数据、云平台等信息技术与安全生产深度融合,矿山企业和监管部门要实现在线监测和预警防控等互联互通,就需要提升新情况及时发

现感知能力、事故隐患预测预警能力和安全风险辨识管控能力，全面提高安全生产信息化水平。为提高信息化建设和应用水平，促进跨部门、跨地区的信息共享和业务协同，2016 年底，国家安监总局组织编制了《全国安全生产信息化总体建设方案》等 8 项安全生产信息化技术文件，为矿山等重点行业企业建成全覆盖的安全生产数据采集系统提供指导。

安全产业投融资服务体系的构建，为矿山安全新技术、新材料和新工艺的推广提供了支持。企业在矿山安全科技创新过程中的主体作用逐步体现，特别是中央企业和地方国有重点矿山企业加大安全科技资金投入，与相关领域高等院校和科研机构开展互利合作，搭建了"产学研用"一体化平台，有力地提升了自主创新的能力，促进科研成果落地转化，加快了先进安全生产技术装备应用。

第七章　城市公共安全产业

城市是国民经济发展的区域性单元，是人类居住的主要场所。2017年我国城市数量超过650个，城镇常住人口达81347万，城镇化率达到58.52%。城市驶入快速发展的轨道，有力地推动了我国经济的快速发展。同时，城市规模的快速扩张也带来一系列挑战，除自然灾害外，空气污染、城市内涝、群体性事件、安全生产事故、交通事故等问题也日益突出，城市运行面临诸多风险，对安全保障能力提出严峻挑战。我国高度重视城市公共安全，对公共安全产品、技术和服务的需求旺盛，但相关产业发展尚处探索期，仍需通过科技研发和创新提高产业发展水平。

第一节　发展情况

一、城市公共安全形势严峻

随着城市化进程的快速推进，我国城市人口和规模急剧扩张，城市功能更趋复杂化，社会不稳定因素增多，主要表现为：自然灾害范围广损失大、生产事故居高不下、食品药品安全隐患增加、社会治安形势严峻、火灾爆炸频发、人居环境问题集中等。2017年发生的北京市大兴区重大火灾事故造成19人死亡，天津大厦火灾致10人死亡5人受伤，山东临沂金誉石化有限公司"6·5"爆炸着火事故造成10人死亡9人受伤，上海一超市房屋坍塌导致6人受伤3人死亡等，都说明我国城市公共安全正承受着极大的威胁。

同时，网络及媒体传播速度和范围高速发展，以及网民数量的攀升，导致不安定信息散播的渠道更加多元，区域更加广泛，公共安全事件很可能因此被发酵放大，甚至产生联动效应，导致管理难度的增加和政府公信力的丧失，造成社会矛盾进一步升级。

二、城市公共安全得到高度关注

城市公共安全是国家安全的重要内容，对于保障人民安居乐业和社会和谐稳定意义重大，受到党和国家的高度重视。2015 年 5 月，习近平总书记在中共中央政治局就健全公共安全体系进行第二十三次集体学习时指出，公共安全连着千家万户，确保公共安全事关人民群众生命财产安全，事关改革发展稳定大局。2017 年初由国务院办公厅印发的《安全生产"十三五"规划》提出，要"统筹城市地上地下建设规划，落实安全保障条件"。党的十九大报告中明确要求"树立安全发展理念，弘扬生命至上、安全第一的思想，健全公共安全体系，完善安全生产责任制，坚决遏制重特大安全事故，提升防灾减灾救灾能力"。

2018 年新年伊始，中共中央办公厅、国务院办公厅印发了《关于推进城市安全发展的意见》（以下简称《意见》），凸显了城市公共安全的重要地位，对强化城市运行安全保障，有效防范事故发生提出要求。这是继 2015 年 12 月中央城市工作会议以来，党中央和国务院在城市安全领域根据新形势作出的统筹部署。《意见》中分析了我国城市安全面临的新挑战，明确了推进城市建设安全发展的指导思想和基本原则，提出了 2020 年和 2035 年我国城市安全发展的总体目标，并从加强城市安全源头治理、健全城市安全防控机制、提升城市安全监管效能、强化城市安全保障能力、加强统筹推动五个方面提出具体要求。

针对强化城市安全科技创新和应用，《意见》提出，要加大城市安全运行设施资金投入，积极推广先进生产工艺和安全技术，提高安全自动监测和防控能力，加快实现城市安全管理的系统化、智能化，积极研发和推广应用先进的风险防控、灾害防治、预测预警、监测监控、个体防护、应急处置、工程抗震等安全技术和产品。因此，重视和发展城市建设公共安全产业，利用产业提升城市安全保障能力，已成为管理者亟须面对的新课题。

三、我国公共安全产业存在技术短板

2017年是实施"十三五"规划的重要一年，也是推进供给侧结构性改革深化的一年。随着国家经济增长方式的转变，大数据、云计算、人工智能、移动互联等技术在全世界范围内与各产业融合发展，各个行业都在探索新的发展方向，公共安全产业亦然。城市公共安全管理模式向数字化、网络化、智能化转变，公共安全产业也面临着提升产品应用层次的现实要求。

2017年，我国公共安全产业技术创新取得新的突破，市场应用不断深入和拓展，但在高端技术和服务方面存在短板。一是制造业核心技术与知识产权受国外企业战略遏制，一些主要零部件，如芯片、传感器等仍需要进口，导致我国城市公共安全产品在市场定价和标准制定方面话语权不高，成为产业升级的障碍；二是国内技术产品依然处于中低端层次，除了少数在视频监控领域取得不俗成绩的龙头企业外，大多数企业产品同质化严重，在综合实力和品牌影响力方面与大企业差距增大，行业内竞争加剧，利润被压缩；三是产品配套服务发展滞后，城市公共安全服务模式和路径仍在探索中，相关标准与资质管理落后，且存在地域分割状况，制约了全国统一市场和行业内知名品牌的形成。

第二节 发展特点

一、城市公共安全产业发展机遇不断扩大

城市公共安全产业发展潜力巨大。城镇化建设步伐加快，带动公共安全需求持续增长。据统计，2017年末，全国设市城市超过650个，城镇常住人口较上年增长2049万人，城镇化率达58.52%，比上年末提高1.17个百分点，预计到2020年将超过60%。大量人口涌入城市以及人口流动性的增加，为城市建设注入了活力，但同时也给城市公共安全带来巨大压力。城市公共安全面临严峻挑战，对产业发展提出重大战略需求。

在国家政策的支持和引导下，为编织全方位、立体化的公共安全网，我国掀起建设平安城市的热潮。平安城市是通过技防、物防、人防实现城市平安和谐的系统综合体，自 2004 年设立以来，从模拟监控摄像点建设开始，技术产品不断升级，并逐步覆盖社会多个领域，产品需求包括视频监控、刑侦器材、生物识别、防盗报警、警察装备、智能交通等，已经从以公安部门为主导上升成为多个部门配合、全社会参与的国家级工程，建设累计投入已超过 5000 亿元。据统计，2017 年我国平安城市和雪亮工程共有 91 项过亿项目，已发布中标公告信息的过亿项目共 75 项，中标项目市场规模合计约 180.6 亿元，较上年中标项目亿元市场规模增长 89.6%。

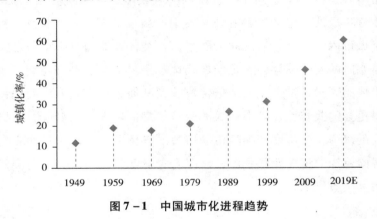

图 7 - 1　中国城市化进程趋势

资料来源：国家统计局，赛迪智库整理，2018 年 1 月。

智慧城市的兴起提升了城市公共安全管理的操作空间，为平安城市建设注入新的活力。城市公共安全产业发展机遇扩大。作为"十三五"期间我国新型城镇化的重要方向之一，智慧城市建设对城市治理模式的转变影响深远。截至 2017 年，我国已有超过 500 个城市明确提出或正在建设智慧城市。平安城市是智慧城市的重要组成部分和优先选项。2016 年中央网信办秘书局、国家标准委办公室下发的《新型智慧城市评价指标》中，将"公共安全视频监控资源联网和共享程度""公共安全视频资源采集和覆盖情况""公共安全视频图像提升社会管理能力情况"列入新型智慧城市评价指标，这为城市公共安全防控体系的建立和相关产品应用提供了巨大契机。

二、新技术融合引领城市公共安全产业智慧变革

新的信息通信技术，如云平台、大数据分析、LTE、物联网等深度融合对城市公共安全产业产生重大影响。这种影响不仅体现在产品和服务的更新，更带来整个产业和城市治理模式的变革，体现在城市公共安全在规划、设施建造、运营维护全过程的优化，以及城市对风险的感知能力和管理者的决策和应急反应能力的提高。未来城市公共安全将是建立在数据、连接和智能基础上新技术、新材料、新工艺、新模式应用的集成。

城市本身是一个生态系统，传统的公共安全是对系统要素的孤立管控。随着技术逐步成熟，越来越多的公共安全产品具备人工智能属性。物联网技术增强了城市内人、事、物之间的联系，各类传感器通过采集信息实现对城市事物全空间的实时感知，为全面准确地掌握风险发展动态奠定基础。在海量数据形成的同时，宽带化的通信传输速度和能力正在提升，统一标准将使系统具备更强的兼容性，各类形式的分散信息汇聚在云平台上，有助于实现管理部门的统一指挥调度，提高对城市突发事件的响应能力。而大数据增强了城市风险感知的精准性和预测性，政府管理部门从中获得了对突发事件的洞见能力和决策依据。

三、协作式城市公共安全新模式

城市公共安全涉及不同政府部门和行业，因此，城市公共安全管理将不再是单一的社会治安管理，而是交通、环保、消防、安监、医疗、应急等部门在内的协作系统整合，多部门间跨界协同互通越来越频繁，城市公共安全运营向着综合应用体系转型。政府领导、属地管理、部门监管、企业主体、社会协同的责任体系使城市公共安全的责任和体制得到理顺强化，职能部门和行业管理部门、社区、企业、协会之间的联合和沟通也在不断加强，进一步提高了城市安全管理的水平和效率。

第八章　应急救援产业

应急救援产业是安全产业中与突发事件距离最近、最有能力提供直接保障并直接减少事故人员伤亡和财产损失的产业。作为与公共安全接轨的重要组成部分，2017年度应急救援产业总体发展态势良好，产业规模不断扩大。随着国家对应急救援产业的不断重视，产业指导政策逐年推出，为应急救援产业的系统式快速发展打下了良好基础。作为直接为应急救援活动提供装备、技术及服务保障的产业，应急救援产业随国家重视程度加深不断发展壮大。

第一节　发展情况

为贯彻落实《中华人民共和国国民经济和社会发展第十三个五年规划纲要》（以下简称"十三五"规划）精神，2017年2月3日，国务院办公厅印发了《安全生产"十三五"规划》（国办发〔2017〕3号，以下简称《规划》），集中探讨了如何提高应急救援处置效能的问题，从法律法规建设和行业安全生产工作方面对应急救援产业的发展提出了详细要求。《规划》提出了三大举措来提高应急救援能力，为应急救援产业开辟了市场空间。第一是健全先期响应机制，推进企业专兼职应急救援队伍建设和应急物资装备配备，在建立企业安全风险评估、监测预警及全员告知制度的基础上，建立政企和周边企业的信息通报和资源互助机制。第二是增强现场应对能力，推进远程通信保障能力建设、应急救援指挥平台建设、应急救援数据库建设，健全完善应急救援队伍与装备调用机制。第三是统筹应急资源保障，加强应急救援队伍建设，推进应急救援社会化运行模式发展；完善应急物资储备与调运制度，加强应急物资装备的实物储备、市场储备和生产能力储备。《规划》从应急物资储备、应急平台和信息化技术建设和专兼职应急救援队伍建设三方面，为应急救援产业产品、技术及服务发展指明了方向。

2017 年 7 月 10 日，工业和信息化部为深入实施制造强国战略，贯彻落实《国务院办公厅关于加快应急产业发展的意见》《国家突发事件应急体系建设"十三五"规划》等要求，发布了《应急产业培育与发展行动计划（2017—2019 年）》（以下简称《计划》），为应急救援产业发展提出了总体思路、重点任务和保障措施。其中，重点任务有 7 项：提升应急产业供给水平、增强应急产业创新能力、促进应急产品和服务推广应用、推动应急产业融合集聚发展、培育应急产业骨干力量、完善应急产业技术等基础体系和加强应急产业国际交流合作。保障措施共有 3 项，分别为：加强组织协调、加大资金投入和加强行业管理。《计划》同时指出："力争到 2019 年，我国应急产业发展环境进一步优化，产业集聚发展水平进一步提高，规模明显壮大，培育 10 家左右具有核心竞争力的大型企业集团，建设 20 个左右特色突出的国家应急产业示范基地；产业体系基本形成，应急服务更加丰富，完成 20 个以上典型领域应急产品和服务综合应用解决方案；应急物资生产能力储备体系建设初见成效，建设 30 个左右应急物资生产能力储备基地，基本建立与应对突发事件需要相匹配、与制造业和服务业融合发展相适应的应急产业体系。"

一、监测预警类

我国国土辽阔，气象地质环境丰富，每年各类自然灾害造成的损失都在千亿元量级，监测预警产品市场发展前景广阔。2017 年一至三季度，我国自然灾害以台风、地震、洪涝和干旱灾害为主，崩塌、风雹、滑坡、低温冷冻和雪灾、泥石流和森林火灾等灾害也有不同程度发生。各类自然灾害共造成全国 1.26 亿人次受灾，799 人死亡，90 人失踪，直接经济损失 3147.5 亿元。总的来讲，2017 年前三季度我国受自然灾害影响范围广、局部损失严重，但与近 5 年同期均值相比，2017 年前三季度全国灾情偏轻，仅有吉林和湖南两省的灾情较近年同期明显偏重。近年来全国自然灾害损失总体呈下降趋势，这不但与历年自然灾情总体较轻有关，也与各类监测预警类产品的大规模应用密切相关。其中，以重大自然灾害监测预警产品、重大危险源监测探测产品、应急指挥平台、应急广播系统等产品为主的各类监测预警产品的广泛应用，在减少自然灾害和公共安全风险带来的人员财产损失上起到了主要作用。同时，应急救援产业的监测预警装备在食品药品安全、危险源监测和火灾预警上，也在不断发挥着不可替代的重要作用。

二、预防防护类

预防防护类应急救援装备是提高生产活动本质安全水平、以"防"为理念的系列安全装备，在提升生产系统和社会运行的本质安全水平、减少重特大事故发生率、降低突发事件损失等方面发挥了巨大作用。根据 2015 年工业和信息化部、国家发改委印发的《应急产业重点产品和服务指导目录（2015年）》（以下简称《指导目录》），预防防护产品可分为个体防护产品、设备设施防护产品和火灾防护产品等四大类。在消防领域，我国消防工程行业收入占比占建筑安装工程产值比重连年上升，随市场饱和程度的提高增速逐渐下降。2017 年 10 月 10 日，公安部发布了《关于全面推进"智慧消防"建设的指导意见》（公消〔2017〕297 号，以下简称《意见》），要求地级以上城市在 2018 年底前建成消防器材物联网远程监控系统，目前已经建成消防器材物联网系统的城市，在 2017 年底前 70% 以上的火灾高危单位和设有自动消防器材设备的高层建筑接入系统，并在 2018 年底全部接入。《意见》的提出，从火灾预防和快速反应两个角度对智慧消防在城市中的推广应用提出了要求。除应急包、灭火系统等产品外，当前应用最普遍家用个人防护产品是各类雾霾应对产品，国家卫生计生委正加紧制定规范防雾霾产品标准标识计划。

三、救援处置类

救援处置类应急救援装备能为现场救援需要提供直接保障作用，根据《指导目录》可分为现场保障产品、生命救护产品和抢险救援产品等。2017年前三季度，我国仅受自然灾害影响，即有 465.5 万人次进行了紧急转移安置，141.9 万人次需要紧急生活救助；13.9 万间房屋倒塌，29.3 万间受到严重损坏，121.5 万间受到一般损坏，救援处置装备需求巨大。在各类现场保障产品中，应急通信产品与技术发展迅速，应急通信平台、设备、车辆及便携式集成化单兵通信系统等先进救援处置装备，在各大企业及院校科研机构的技术支持和持续的资金投入下快速发展，在应急救援现场指挥中收效良好。以交通运输行业的应急通信产品技术及应用为例，交通运输部印发的《交通运输安全应急"十三五"发展纲要》（交安监发〔2016〕64号）指出，目前在近岸海域和长江干线水域，水上安全通信系统的连续覆盖已经实现，人民群众水上生产应急能力较"十二五"之初有了显著提高。特种车辆作为救援处置类产品中的重要组成部分，在应对各类突发事件中起到了重要作用。我国特种救援处置车辆行业发展迅速，应急指挥车、强排车等救援处置能力先进的特种车型已实现国产化，已能做到自给自足；高端消防车辆制造市场前景广阔，我国每年消防车市场需求规模大概在3000—3500辆，采购金额在250亿—300亿元左右，中联重科、徐工集团、永强奥林宝、牡丹江森田等知名消防车品牌的国际竞争力不断提高，消防车行业产业安全水平缓步上升。

四、应急服务类

应急救援产业的应急服务类分支，是为各类应急救援活动提供保障的重要产业分支。作为服务性行业，当前安全产业整体存在由单纯经营产品装备向以经营服务为主、配套产品装备为辅的趋势，应急服务不但可以提供社会化营救救援服务，还可以为政府机关、企事业单位提供应急装备与技术，还可依据其不同的应急需求、客户单位的应急管理能力提供对应的配套应急服务，如应急管理支撑服务、应急专业技术服务等。除此，应急服务还囊括了金融服务在应急救援领域中的广泛应用，作为应急救援领域发展速度的晴雨表，良好的应急服务发展态势标志着应急救援产业需求的快速扩大，预示着未来应急救援产业更广阔的发展空间和更快的发展速度。随着《应急产业培育与发展行动计划（2017—2019年）》的印发，未来应急产业发展的目的性将更加强烈，在各地集中资源进行针对性发展的态势下，产业发展速度和保障能力将快速提高。

第二节 发展特点

一、应急救援产业发展面临机遇，前景广阔

工业和信息化部印发了《应急产业培育与发展行动计划（2017—2019年）》，明确了下一阶段年我国应急产业培育和发展重点任务、推动应急产业持续快速健康发展，来响应"十三五"规划对健全公共安全体系、发展应急救援产业的要求。在应急装备方面，《计划》要求推进应急产品高端化、智能化、标准化、系列化、成套化发展，并提出了要重点发展的10类标志性应急产品。对于应急服务，《计划》表明要"促进应急服务专业化、社会化、规模化发展，补齐应急产业保障供给短板"，并提出了要重点发展的3类标志性应急服务。同时，《计划》将应急装备与应急服务作为共同推广的命运共同体，提出要健全应急产品和服务推广应用机制，加快推进应急产品与服务的信息资源共享。在应急产业科技创新方面，《计划》提出要支持应急产业科技发展、健全应急产业创新平台、攻克应急产业关键核心技术，并要完善应急产业技术等基础体系，培育应急产业骨干力量。同时，《计划》也指出，要"推动应急产业融合集聚发展""积极推动应急产业融入国家区域发展战略"，布局、培育国家应急产业示范基地，并完善基地支持措施。在诸多举措的共同要求下，应急救援产业各细分行业的发展空间不断扩大，随着支持政策的提出，应急救援产业总体发展前景愈加广阔。

二、应急救援产业发展动力强劲

《计划》要求各级政府将重点任务纳入年度计划中，以由上至下、统筹规划的方式促进地区应急救援产业的高效率、有步骤的快速发展。在《计划》要求下，应急产业智库建设、各级政府的应急救援产业发展战略与规划随即展开；在各级工业和信息化主管部门的大力支持下，应急救援产业中应急科技研发、产业化和应用示范的资金来源渠道将大幅增多并越发通畅，银行、

基金对应急救援产业重点项目的支持力度也将不断增大。同时，《计划》也要求加强应急救援产业整体的国际合作交流水平、推动与发达国家进行应急救援产业合作联动，充分利用"一带一路"契机，扩大我国应急产业在世界上的影响力，并将应急救援产业相关内容纳入鼓励外商投资目录，在吸引外资的同时，支持地方发展国际应急救援产业合作基地。《计划》从内外两方面提出了促进我国应急救援产业快速发展的道路，各地整体政策部署和充足的资金投入为我国应急救援产业发展提供了强劲动力。

三、应急救援产业龙头企业带头作用逐渐发挥

应急救援产业涵盖范围大，劳动密集型产业、技术密集型产业均有涉及。在应急救援装备的部分领域，以我国大学科研力量为基础建立的一些公司企业具有较强的自主研发能力，如清华大学建立的辰安科技等，其应急救援平台、应急救援特种车辆、单兵设备等技术装备具有国际先进水平。随着合肥公共安全产业园区的建立，此类企业作为应急救援产业的龙头企业被引入园区，以期带动园区产业发展。近年来，借助安全产业园区快速发展，公共安全产业已成为合肥高新区第二大产业，产业龙头企业带头作用逐渐发挥。与此同时，我国应急救援产业劳动密集型企业规模普遍较小，华东地区和西南地区的企业规模和企业数量发展情况要好于平均水平，但仍存在企业集中度较低、整体专业化水平有待提高的问题；西北地区和华南地区应急救援产业规模则低于平均水平，仍有待规划发展。

第九章　安全服务产业

安全服务是我国安全产业的重要组成部分，推动安全服务机构的快速发展，是实现安全生产的有力保障。目前，安全服务产业尚未有明确分类。以《中共中央国务院关于推进安全生产领域改革发展的意见》对推进构建安全服务体系的明确规定为基础，同时根据部门管理需要和安全活动的特点将安全服务划分为安全咨询检测服务、评价评估类服务、事故技术分析鉴定服务、工程设计和监理服务、安全产业支撑服务、宣传教育培训服务和应急演练演示服务七大类。2016年，《中共中央国务院关于推进安全生产领域改革发展的意见》明确指出要"健全社会化服务体系，将安全生产专业技术服务纳入现代服务业发展规划"，同时强调"健全投融资服务体系"。2016年11月，国务院安全生产委员会专门出台《关于加快推进安全生产社会化服务体系建设的指导意见》（安委〔2016〕11号），重点要求提高安全检测检验、安全评价和职业健康技术服务能力，加快推进保险机构通过安全生产责任保险等方式参与事故防控机制。我国的安全服务产业起步晚、发展快，符合政策背景和时代特征。政府体制和政府职能转变的深化、人民群众的内在需求以及政府决策民主化和专业化的进程是推动安全服务产业快速发展的主要原动力。近几年，我国从事安全生产中介服务的专业人员和中介组织有一定规模发展，北京、上海、重庆、江苏、河南、新疆等30个省、自治区、直辖市都已具备拥有专业资质的安全服务中介机构。广东、福建等省先后成立了一批中介服务机构，实行安全主任等安全专业人员资质认证制度，取得了较好效果。这些安全生产中介机构已经或者正在脱离具有行政管理职能的旧体制，逐步向完全的市场化、专业化方向转变。

第一节　发展情况

一、安全咨询检测

安全咨询检测服务包括安全检测、安全技术咨询、安全认证等服务，是安全服务产业的重要组成部分。自2002年我国首部《安全生产法》颁布，从国家监管和法律的顶层设计中出现了对安全生产检测检验、咨询的服务需求，安全专业技术咨询及检测检验服务应运而生。从事该服务行业的企业按法律规定需要具备政府行政许可的法定资质，目前全国获取了安全咨询资质的检测检验、咨询、评价单位有近1500家。虽然我国安全咨询服务发展至今已有15载，但比起国外仍较稚嫩，行业发展主要受社会经济水平、国民安全意识以及国家政策顶层设计影响。由于我国安全监管以属地管理为原则，安全咨询机构从国家顶层设计中的行政许可资质划分为两类，仅甲级资质可以在全国范围开展工作，但大部分咨询机构规模较小，市场区域受限。同时，由于政府在此领域投入较少，因此该行业技术方面创新能力不足。

二、安全评估

安全服务产业中的评价评估类服务包含安全预评价和安全生产条件论证、安全现状评价、安全验收评价、风险评估。安全评价已成为现代安全生产的重要环节，用于分析、查找和预测工程系统是否存在隐患、危险以及可能发生的危害程度及危害后果，并提出科学合理的对策措施以预防事故发生，减少损失。从2000年以来，我国逐步出台政策规定企业履行安全评价责任，安全评价机构由此产生。目前我国安全评价体系的相关法律法规正在逐步完善，国家安监总局先后出台《安全评价通则》《安全验收评价导则》《安全预评价导则》，以及《非煤矿山安全评价导则》《煤矿安全评价导则》和《危险化学品安全评价导则》等。从事安全评价领域的技术人员近年来不断增加，据统计，获得国家级安全评价甲级资质的安全评价机构达221家，行业已初具规模。

三、安全培训

安全培训服务包含风险管控培训、行业安全培训、企业安全生产标准化管理培训、安全生产工作趋势及对策培训、安全监察人员执法资格培训、职业卫生发展过程及研究进展培训、化学品生产单位特殊作业安全规范培训等。减少或消除人的不安全行为最直接、最有效的方式就是通过加强安全培训，引导树立正确的安全意识和安全理念，增强人的安全技能，改善不良安全习惯，达到避免和减少各类生产安全事故发生的目的。因此，加强安全培训成为贯彻落实"以人为本"科学发展观的重要措施，是实现科学发展、安全发展的重要基础性工作，也是新时期我国安全生产工作的重要内容之一。

影响安全产业教育培训的因素主要为法律法规、组织机构建设和师资建设三个方面。一是我国已经初步形成有层级的安全培训法规制度体系，使得安全生产培训工作能够实现有法可依。该体系以《安全生产法》为核心依据，包括《生产经营单位安全培训规定》《矿山安全法》《劳动法》，以及《国务院关于预防煤矿生产安全事故的特别规定》《危险化学品安全管理条例》等地方性法规以及行政法规。同时一系列地方性安全培训规章，如《安全培训管理办法》《煤矿安全培训监督检查办法》《安全培训机构及教师资格认证办法》等也是安全生产培训实施的具体法律依据。制定、修订了煤矿等高危行业企业"三项岗位人员"（主要负责人、安全生产管理人员、特种作业人员）和从业人员安全培训大纲和考核标准等60余种，形成了较完善的安全教育培训法规标准体系。二是我国安全培训机构建设成效初步显现。基本形成以国家安全监督管理总局指导全国安全培训工作，各级安全生产监管机构、煤矿安全监察机构进行分级管理，重点考察特种作业人员、安全生产管理人员、煤矿等高危行业主要负责人的培训考核发证。三是我国已形成四级安全生产培训机构体系。国家安监总局制定了《一、二级安全培训机构认定标准》，各地结合实际制定了《三、四级安全培训机构认定标准》，建立了机构资质认定和复审评估制度，广泛开展了对安全培训机构的质量评估工作，山西、新疆等地还大力推行机构标准化建设。

四、安全检测检验

安全生产检测检验服务是安全产业的重要保障，在综合监督管理工作中支撑检测检验技术的机构需要有能力进行安全生产设备及产品的型式检验、监督监察检验、安全标志检验、作业场所安全检测等，同时能向社会提供具有公证力的数据。国家安监总局于 2007 年以第 12 号令发布了《安全生产检测检验机构管理规定》，并于 2015 年根据国家安监总局令第 80 号进行修正，对安全生产检测检验机构的职能、资质、管理、监督、从业行为进行了系统全面的规定，对机构的管理体系建立、资源配置、机构定位进行系统的指导。在 2016 年，中国安科院重新修订了《安全生产检测检验机构能力的通用要求》（AQ 8006—2010），作为强制性执行标准，可以有效提升检验检测服务质量和水平，成为国家安监总局发放安全生产检测检验机构资质认可及资质评审的重要依据。根据国家安监总局安全生产检测检验信息管理平台统计，我国相关机构划分为金属制品、采掘设备、特种劳动防护用品、运输设备、防坠器、危险品鉴定等 30 类。2017 年 2 月，中国安全生产协会安全生产检测检验专业委员会下发通知计划建立全国安全生产检测检验机构名录，对加强行业管理、规范行业秩序起到了促进作用。

五、安全支撑服务

安全产业支撑服务包括保险服务、设备租赁服务、投融资服务和担保服务。2016 年，中共中央国务院在《关于推进安全生产领域改革发展的意见》中，强调要健全安全生产投融资服务体系。在创新安全产业投融资方面，工业和信息化部、国家安全生产监督管理总局联合国家开发银行、中国平安银行于2015 年 11 月在北京签署了《促进安全产业发展战略合作协议》，组建国内首只安全产业发展投资基金，规模达 1000 亿元。2016 年 10 月，徐州市政府在工业和信息化部的组织和指导下，与上海银行、平安银行、国开泰富基金管理公司等金融机构共同签署徐州安全产业发展投资基金战略合作协议，自此标志着总规模为 50 亿元的首只地方安全产业发展投资基金落户徐州。2017 年 6 月，汽车安全产业投资基金正式成立，该基金为我国首只行业性安全产业发展投资基金，整体规模约为 30 亿元；11 月，徐工消防安全装备生产制造基地、中安智慧建筑安全装备制造基地等 5 个安全产业基金投资项目（总投资 50 亿元）、国家安全生产监管监察大数据平台徐州基地项目等 10 个安全产业投资合作项目在徐州成功签约。

在安全产业与保险业结合方面，国务院在 2006 年的《国务院关于保险业改革发展的若干意见》中明确提出加大保险行业对安全生产工作的介入程度。保险业与安全生产有着密切的内在联系，两者在最终目的上具有高度的一致性，都是为了更好地保护人民群众的生命财产安全和合法权益，促进经济社会和人的全面协调发展，客观上具有紧密结合、良性互动的内在需要和动因。企业在安全保险公司投保，安全保险公司出资请安全评价中介机构给投保企业作安全评价，从而找出企业存在的安全隐患，企业申请安全投资公司贷款、政府基金贴息，整治安全隐患，从而降低安全生产事故发生概率，同时，随着安全事故降低，保险公司赔付降低，从而实现政府安全生产工作的社会效益提高、企业损失减少与保险公司赔付降低，实现多方共赢。

第二节　发展特点

一、安全服务市场前景良好

一方面，根据抽样调查和估算，我国从事安全产品生产的企业已超过 4000 家，安全产品年销售收入超过 6000 亿元，市场总体规模大概在万亿元。其中，服务类企业约占 40%。安全产业的持续稳定发展为安全服务产业体系建立及完善提供了良好的支撑。另一方面，我国安全生产形势不容乐观。我国社会主义市场经济体制初步建立以来，市场经济的发展进入了快车道，多种经济成分并存的厂矿企业也如雨后春笋般纷纷产生，安全监管内容日益增长。面对日益增加的各类企业，政府安全生产监管力量受监管在安全专业技术性、效率性不足等固有缺陷的限制，安监力量的发展和企业规模、类型发展增速严重失衡，面对严峻的安全生产形势，安全服务机构通过提供安全生产中介服务参与安全生产治理，防止安全事故发生，保障生产工作的安全有序，已经成为当务之急。

二、政府职能转变与安全服务中介发展相辅相成

政府职能的转变与社会中介组织的发展相伴进行，《行政许可法》第十三条中对行业组织或者中介机构能够自律管理的事项可以不设行政许可的规定，便是对这一社会治理主张的法律体现。为保证有关安全性评价、检测、检验、认证结果的客观性和公正性，按照国际惯例，应当由独立于政府安全生产监管部门和委托单位的第三方机构来负责相关安全评价、认证、检测检验的工作。大力发展安全服务机构、充分提供安全生产相关服务，有助于促进我国政府职能转变的进程，积极承接在安全生产领域政府移交的职能，通过提供独立、客观、公正的安全生产技术服务，来实现政府对安全生产事务的宏观掌控、间接管理，提高技术性事务监管的专业性和监管效能，促进相关职能部门的职能转变，从而推动地方政府、中央政府系统调整人力、物力战略部署，实现职能转变。

三、市场准入机制有待完善

我国的安全服务产业尚未形成一个完全自由竞争、平等有序的市场环境。有些地区存在行政命令与企业自主选择并存，政府行为与市场行为部分重叠的现象。有多数安全服务中介机构是由某些政府部门分离出来的，或是从实行企业化管理的事业单位变身而来，这些机构固有的工作性质疏离了政府与企业的桥梁纽带作用，一方面这类安全中介机构与政府脱钩不彻底，无法保证独立性与公正性，混淆政府与中介机构职责。另一方面有悖市场经济自由竞争原则，约束了安全服务产业的市场化、专业化发展。占全国安全培训机构总数的23.1%、隶属监管监察部门的培训机构，无论师资还是教学设备等都相对力量不足，却承担着当地大部分安全培训任务；而资源相对丰富的一些地方院校、职业技能培训学校和企业所属培训机构没有发挥应有作用。

区域篇

第十章　东部地区

第一节　整体发展情况

东部地区是我国经济发达、市场化程度较高的地区，地理区位条件为安全产业的发展创造了良好的外部环境。早在 2009 年，安全产业就已成为各省（市）产业结构调整和工业转型升级的热门方向之一，江苏省徐州市、广东省佛山市等有条件的地区正在积极布局和建设安全产业园区（基地）。分区域来看，江苏省、浙江省、上海市等地经济发展形势较好，安全产业及安全产品销售收入名列前茅。2017 年，为深入贯彻落实《中共中央国务院关于推进安全生产领域改革发展的意见》精神，科学谋划安全产业发展方向，总结推广安全产业发展经验，发掘区域经济增长新动能，工信部、安全监管总局、江苏省人民政府决定建立推进安全产业发展的三方共建合作机制，在安全科技创新、标准建设、区域协作体系等展开合作。

第二节　发展特点

一、市场敏锐性强

东部地区凭借优越的地理位置，安全产业市场需求旺盛，发展势头强劲。当地政府加强前瞻部署，强化创新能力，掌握发展主动权，针对现阶段我国工业化、城镇化快速发展，正处于生产安全事故、职业病等易发、多发的特殊时期，为更好地预防和控制事故的发生、减轻事故灾难与自然灾害的危害，政府和企业的安全投入都将逐步增大，安全产业技术、产品和服务的需求将进一步扩大，具有广阔的市场空间，将成为新的经济增长点。例如，煤炭、化工、建筑都属于高危行业，道路交通则是我国安全生产事故数量和死亡人数最多的领域，随着人民生活水平日益提高，对安全技术及装备的有效需求也与日俱增，这些都是安全产业巨大的潜在市场。

二、产业集群雏形初现

目前，我国东部地区安全产业的空间集聚效应日益突出，产业园区、基地建设已成为一种发展趋势。《关于促进安全产业发展的指导意见》中明确提出了"建立一批产业技术成果孵化中心、产业创新发展平台和产业示范园区（基地）"的发展目标。从安全产业示范园区（基地）发展轨迹和建设计划来看，均立足在自身区位、产业基础上发挥优势，产业特色逐渐鲜明。例如，山东省济宁市发挥工程机械产业集群在安全产业领域的应用优势。济宁高新区内以小松山推、山推股份、小松山东、山重建机、山推机械五大主机平台为代表的工程机械产业集群，集聚企业300多家，是国内公认的六大工程机械制造基地之一；江苏省徐州市是装备制造之城，聚集了徐工机械、卡特彼勒等世界著名的工程机械生产企业，以及围绕这些核心企业形成的相互衔接配套的工程机械产业集群。

三、科技创新能力卓越

近年来，在相关政策的引导下，当地政府坚持"抓创新就是抓发展，谋创新就是谋未来"的理念，基于强烈的社会责任意识，依靠扎实的安全产业发展基础和良好的安全产业发展条件，支撑和促进安全科技产业加快发展。例如在煤矿领域，推进"机械化换人、自动化减人"科技强安行动，以机械化生产替换人工作业、以自动化控制减少人为操作，加强企业特别是重点工艺系统、装备设施的安全技术改造，大力提高企业安全生产科技保障能力。特别是华东地区拥有上海市、江苏省等经济发展地区，区域内科研机构林立、大学城独具特色和人才资源丰富，安全产业企业自主创新能力也得到了较大提升。

第三节　典型代表省份——江苏省

江苏省是安全产业发展大省，主要集中在徐州市。近几年，在国家相关政策的支持下，徐州将安全产业作为一个战略产业全力培育，充分利用产业优势、技术研发优势、产业承载优势、人才优势等，着力强化安全科技研发、转化和应用，切实做大、做强、做优安全产业。徐州高新区已被工信部和国家安监总局确定为首个国家级安全产业示范园区。

一、政府高度重视，发展势头强劲

安全产业是实现社会和谐发展的战略产业，既有社会效益、又有经济效益。江苏省因地制宜，充分发挥协同创新的作用，抢占了安全产业的制高点。自 2011 年安全产业被国务院纳入国家重点支持的战略性产业以来，江苏省特别是徐州市积极培育和发展安全产业，创新思路，勇于探索，将徐州安全产业示范园区建设成为全国安全产业发展的一面旗帜。现阶段，江苏省政府结合安全发展的需求，不断创新发展理念，创新安全科技，创新投融资方式，创新安全产品推广应用的商业模式，开展先进可靠安全装备应用的试点示范工作，为带动江苏省乃至全国安全产业发展积累经验。

例如，徐州市发展安全产业政策优势明显。徐州是我国重要的老工业基地，徐州高新区是淮海经济区重要的国家级高新技术产业开发区，徐州国家安全科技产业园是工信部和国家安监总局批准的全国首家安全产业示范园区，这些为徐州国家安全科技产业园带来独特的产业发展政策优势。园区亦积极推动安全产业顶层设计，牵头组建了中国矿山物联网协同创新同盟，吸引徐工集团等一批大型企业进军安全产业领域，开展了矿山安全顶层设计研究和关键技术攻关，取得了一系列突破性成果。此外，为进一步优化投资环境，提高服务水平，徐州市政府大力深化政府行政审批制度改革，成立行政审批局，大幅精简审批手续，规范办事程序，建立智能部门协调会制度和企业绿卡制度，积极推进政务公开，提高服务效率。

二、"互联网＋安全"深入各重点领域

当前，许多安全生产技术与装备属于传统行业，先进制造技术和新一代信息技术正在对传统的技术与装备渗透与改变，进行着改造提升，"互联网＋安全"已深入安全领域各行各业。江苏省政府针对本省安全生产情况和特点，重点研发了矿山安全、道路交通、建筑施工、应急救援等重点多发、易发领域的安全保障技术，推出了一批重点产品和项目。此外，多次智能安全产品现场演示会的举办，对于相关安全产品的应用和推广起到了积极的促进作用。例如，徐州安全科技产业园充分利用大数据技术，建立了信息化安全监管系统，实现高危行业企业的事故隐患自查、自改、自报数据全部入库，监管人员可根据数据库内的信息对监管对象实行分级分类监管；此外，安全科技成果交易从传统的模式过渡到"互联网＋安全科技成果＋金融"的全新模式，初步实现了互联网化的战略升级。

三、创新投融资模式，缓解资金难题

2017年，组建区域性、行业性安全产业发展投资基金，为产业发展提供融资服务，引导社会资本设立了国内首只地方性安全产业基金和首只行业性安全产业基金——汽车安全产业发展投资基金。此外，PPP模式助力安全产业发展。例如，徐州高新区大胆创新商业模式，与江苏中业慧谷集团采取PPP的合作模式，共同实施徐州国家安全科技产业园中业慧谷项目，充分发挥了政府的引导作用和企业的市场化运作效应，优势互补、资源共享、共建共赢，全力构建了全国性的安全产业创新高地和高端装备制造基地。这种政府引导、企业运作、合作共赢的PPP模式，开全国之先河，助力安全科技产业不断进行价值创新。

四、"一带一路"带来新发展机遇

江苏省积极贯彻落实"一带一路"国家战略的决策部署，抢抓机遇，主动对接，积极作为，力争在融入国家战略大格局中下好"先手棋"、打好"主

动仗"，为迈上新台阶提供新动能。"一带一路"沿线对安全产业合作有所希冀。例如，2017 年 11 月，中国第七届安全产业协同创新推进会暨"一带一路"与"走出去"企业安全发展论坛在徐州胜利召开。美国、英国、乌克兰、土耳其派出了政府机构负责人、科研团队和企业代表参加，对徐州乃至我国的安全装备和技术产生了浓厚兴趣，并希望深度合作。大家共同探讨安全产业发展新机遇、研究安全科技创新新路径。加快推进安全产业发展，希望通过落实"一带一路"国家战略，实现在安全产业领域引领和参与国际分工合作。

第十一章 中部地区

第一节 整体发展情况

中部六省（山西、安徽、江西、河南、湖北和湖南）安全产业具有一定的发展基础，其中，安徽、湖北安全产业发展较好，地方政府对安全产业有较好的认知和积极性，但囿于地理位置、产业结构等限制条件，安全产业发展速度较我国东部省份偏慢；山西、河南对安全产业需求大，具有一定的认识和接受度，但具体工作还没有开展；江西、湖南对安全产业认识尚不清晰，产业发展滞后。总体来讲，中部省份的产业结构决定了对安全产品、技术、装备需求较多，安全产业有较大发展空间。

第二节 发展特点

一、安全产业集聚发展向好

以安徽、湖北为代表的中部省区安全产业集聚发展态势向好。2014 年，安徽省合肥高新区申报我国安全产业示范园区创建单位获批；2015 年，安徽省马鞍山市、湖北省襄阳市先后获中国安全产业协会授予的"全国安全产业发展示范城市"称号。这些安全产业集聚区的形成，极大带动了中部地区以信息技术为优势的安全产业、汽车安全装备、应急救援科技、"互联网＋安全"产业等领域的快速发展，形成了以合肥、马鞍山、襄阳为中心的安全产业辐射区。

二、安全产业市场空间广阔

安全产业是一个横跨生产安全、防灾救灾、城市安全等多个领域的综合产业，与经济建设和人民生活密切相关，在当前经济发展进入新常态，人民对美好生活的向往日益迫切决定了安全产业具有巨大的市场潜力。《促进中部地区崛起"十三五"规划》将中部地区定位为"全国重要制造业中心、全国新型城镇化重点区、全国农业发展核心区、全国生态文明建设示范区、全方位开放重要支撑区"，中部省份装备制造业（汽车制造等）、机械、冶金、电力、化工、电子信息、轻纺、建材、食品、医药等产业基础雄厚，该发展定位和产业结构对安全设备、技术和产品和安全服务的需求旺盛，中部省区安全产业市场空间广阔。

三、产业规模较小，市场培育不足

尽管 2012 年《关于促进安全产业发展的指导意见》就已印发，但国家统计局尚无对安全产业的专门统计口径，国家发改委也没有该产业目录，部分政府相关部门及企业对安全产业认知和接受不足。安全产业的社会认可度缺失严重制约了产业的发展。以中部省区安全产业发展相对较好的合肥市和襄阳市为例，尽管都有较好的产业基础，合肥市 2015 年安全产业产值超过 300 亿元，仅约占全市地区生产总值 5600 亿元的 5%；襄阳市 2014 年安全产业实现产值 121 亿元，同比增长 23%，但在全市地区生产总值 3129.3 亿元中只占 3.9%，均远落后于发达国家 8% 以上的占比。襄阳全市有处置救援类企业 9 家、消防处置类企业 9 家、应急服务类企业 6 家、预防防护类企业 5 家，与汽车产业、农产品加工业相比，规模较小，发展较为缓慢。

四、顶层政策较好，执行细则欠实

早在 2015 年，河南省就出台《关于加快应急产业发展的意见》，提出到 2020 年将河南省打造成全国重要的应急产业示范基地和应急物资生产能力储备基地，明确了应急装备、交通安全等五大优势领域和航空应急、智能机器人等七大潜在领域的重点发展内容，并提出了七大主要任务；襄阳市印发

81

《国家安全发展示范城市建设规划（2015—2017年）》，明确了道路交通安全、消防安全、危化品安全等安全产业重点发展方向和发展本质安全型企业。但截至2017年，仍未有相关执行细则出台，产业发展的顶层政策难以落实。

第三节　典型代表省份——安徽省

安徽省安全产业发展依靠已有的产业基础和较好的政策环境，在中部省区乃至全国范围内安全产业发展均居前列。

一、全省安全生产状况

2017年，安徽全省安全生产形势总体平稳。截至2017年12月28日，事故起数、死亡人数同比分别下降31.2%、11.8%，较大事故起数、死亡人数同比分别下降3.5%、12.3%。未发生重大事故。

全省安全监管执法力度持续加大。全省安全监管部门共开展监督检查68378次，监督检查覆盖率62.9%、复查率110%。其中，非煤矿山3164次、危险化学品14221次、烟花爆竹13436次、工贸企业28514次、其他9020次。

全省共实施行政处罚1000次，同比上升64.5%；罚款4738万元，同比上升149%。其中，非煤矿山行政处罚157次，同比上升104%；危险化学品处罚151次，同比上升156%；烟花爆竹处罚143次，同比下降17.3%；工贸企业处罚349次，同比上升127%；其他处罚200次，同比上升37.9%。

此外，各地积极推进安全生产信息化平台应用，移动执法检查、企业档案管理、隐患排查治理等信息系统得到较好应用，特别是下半年以来，各业务系统的应用数据大幅提升，取得了初步成效。

二、安全产业发展状况

（一）产业发展有较好的产业基础

安徽省高新技术产业以电子信息、家用电器、食品医药、材料和新材料、轻工纺织、能源和新能源等产业为主导，其中，电子信息产业为安徽省第一大产业。全省连续十年大力开展省级电子信息产业基地（园区）建设工作，基地园区已拥有规模以上电子信息企业665家，其中年产值亿元以上企业288家，预计2017年电子信息年主营业务收入总规模超百亿元的基地园区将达到7家；现拥有省级以上技术研发机构118家，总投资亿元以上在建、新建及储备项目80余项、计划总投资800多亿元，全部达产后可实现年销售收入900亿元；预计2017年，基地（园）缴纳税收增长17.2%，实现利润增长15.1%，完成出口额增长7.1%，从业人员增长6.6%。

2017年，国内IT基础架构产品及方案的研究、开发、生产的领军企业新华三集团全资子公司——新华三信息安全公司在合肥高新区正式注册落户。该公司主要从事云计算、大数据、网络等核心领域的安全技术研发与产品销售，新华三集团将全力打造合肥信息安全产业基地，并携手合肥高新区共同构建安全产业生态圈。据介绍，新华三合肥安全产业基地项目投入运营后将汇聚一批信息安全领域前沿研发成果和相关高端人才，助力合肥市信息安全产业的发展和壮大。该项目计划总投资不低于20亿元，预计投产运营后当年可实现销售收入10亿元，并保持50%以上的年增长率。2020年合肥安全产业生态圈将实现销售收入100亿元。

在此产业结构下，安徽省安全产业以信息技术为基础和优势，以集聚发展为特色，自2014年合肥高新区获批"全国安全产业示范园区（基地）创建单位"起，实现了较快的稳步发展。

（二）产业发展有较好的政策环境

省级层面，2010年，安徽出台《安徽省公共安全产业技术发展指南（2010—2015年）》，明确了本省公共安全产业的发展目标和技术路线，确定了煤矿安全、交通安全等七大重点发展方向，并提出构建技术研发、转化和共享三大平台；2017年，安徽省印发《安徽省安全生产"十三五"规划》，提出"培育发展安全产业。加强产业政策引导，实施企业扶植、项目培育与金融服务，大力促进安全产业发展，重点建设合肥、马鞍山安全产业示范园区。加大创新方向引导，突出矿山与化工安全装备、交通运输装备、灾害预警、安全避险、应急救援等智能装备的研发和制造，初步形成产业发展规模"

的主要任务。

市级层面，2009 年，合肥市出台《公共安全产业发展规划（2009—2017年）》，提出"到 2017 年，实现产值 1000 亿元，力争达到 1200 亿元，培育若干个年销售收入超百亿元的公共安全企业，全面建成全国重要的公共安全产业基地"的发展目标，明确了消防安全、防灾减灾等七大重点领域和重点任务。

对比省市政策，合肥高新区以更实际的优惠政策对促进安全产业中公共安全领域发展这一目标抓好抓实。《2017 年合肥高新区支持产业发展若干政策措施》重点支持产业中将"公共安全"列入，同时"鼓励标准化体系建设"，"对区内企业安全生产标准化建设实行以奖代补"；《2017 年合肥高新区鼓励自主创新促进新兴产业发展若干政策措施实施细则》也将公共安全列入重点支持范围；《2017 年合肥高新区鼓励高层次人才创新创业若干政策措施》引进和培养高层次人才的重点产业包括公共安全；《2017 年合肥高新区加强科技金融服务促进经济发展若干政策措施》重点支持公共安全企业等。优越的政策环境，吸引了众多安全产业相关企业落户安徽，为安徽安全产业发展增加了新动能。

（三）产业发展以集聚发展为特色

合肥高新区和马鞍山市是安徽省的两个安全产业发展集聚中心。合肥高新区安全产业基础良好，产业链条较为完整，为安全产业发展提供了重要支撑。2014 年起，合肥高新区加速重点发展公共安全产业园区。产业园一批安全产业公共服务平台联合优秀企业，形成了以新一代信息技术在交通安全、矿山安全、消防安全、电力安全、安全信息化等五大领域应用为主的安全产业发展特色。目前，安全产业的产业集聚和带动效应显著，已发展成为高新区第二大产业。2015 年 12 月，国家安监总局与工业和信息化部正式批复，同意将合肥国家高新技术产业开发区列为"国家安全产业示范园区"创建单位。

马鞍山市于 2015 年被中国安全产业协会授予"中国安全产业示范城市"称号，雨山区被授予"中国安全产业示范基地"称号，中国安全产业协会就安全产业投资公司、安全产业研究院、应急安全培训实训基地三个项目与马鞍山市签约。2017 年，《马鞍山市人民政府安全生产委员会关于印发〈安全生产"十三五"规划实施工作方案〉的通知》要求，"发展安全产业，推进矿山与化工安全装备、交通运输装备、灾害预警、安全避险与应急救援等智能装备的研发和制造"，并明确了牵头部门为市安监局和市经信委，确定完成时间为 2019 年。

第十二章 西部地区

我国西部地区是重要的能源基地和战略性的资源接替基地，已探明矿产资源具有优势，煤炭和天然气储量占全国比重分别为 39.4% 和 87.6%。随着西部大开发战略的推进，以及"一带一路"倡议的强化执行，西部地区的安全产业发展迎来了良好机遇，各地方政府对国家政策进行充分解读，在多项优惠政策的支持下加紧安全产业布局。陕西省于 2017 年 11 月发布《中共陕西省委陕西省人民政府关于推进安全生产领域改革发展的实施意见》，要求实施科技兴安，在重点领域强制推行安责险。重庆市于 2017 年 12 月发布《重庆市人民政府办公厅关于高危行业领域强制推行安全生产责任保险的实施意见》，促进安全生产支撑服务体系建设。新疆维吾尔自治区安全监管局委托赛迪研究院安全产业所撰写《新疆维吾尔自治区安全产业发展可行性研究》，有望在全区发布。该报告是全国首个省级安全产业发展研究报告，对全国安全产业发展起到示范推动作用。

第一节 整体发展情况

我国根据地理方位的自然配置及经济发展的客观现实，将领土划分为东、中、西三部分。西部地区包括西北五省区（陕西、甘肃、青海、新疆、宁夏），西南五省份（四川、云南、贵州、西藏、重庆）及内蒙古、广西等十二个省、自治区和直辖市。区域面积为 685 万平方公里，占全国总面积的71.4%，但人口只占全国的 26.92%。我国西部地区自然资源十分丰富，能源市场潜力巨大，所处战略位置重要。由于自然、社会等诸多历史问题，致使西部地区的经济发展长期落后于内陆地区，据估算西部地区人均国内生产总值仅相当于全国平均水平的三分之二，不及东部地区平均水平的40%。

自 2000 年 10 月，党的十五届五中全会在《中共中央关于制定国民经济和社会发展第十个五年计划的建议》中，提出实施西部大开发、促进地区协调发展是一项战略任务，特别强调"实施西部大开发战略、加快中西部地区发展，关系经济发展、民族团结、社会稳定，关系地区协调发展和最终实现共同富裕，是实现第三步战略目标的重大举措"。到 2001 年 3 月，《中华人民共和国国民经济和社会发展第十个五年计划纲要》对实施西部大开发战略提出具体部署，进一步明确实施西部大开发重点依托亚欧大陆桥、长江水道、西南出海通道等交通干线，充分发挥中心城市作用，落实以线串点、以点带面的规划，逐步形成具有西部特色的西陇海兰新线、长江上游、南（宁）贵、成昆（明）等跨行政区域的绿色经济带，以此带动西部其他地区经济发展，致使有步骤、有重点地推进西部大开发的任务得以完成。2006 年 12 月 8 日国务院发布的《西部大开发"十一五"规划》中再次确定西部开发目标，即努力实现西部地区经济又好又快发展，使人民生活水平持续稳定提高，城镇基础设施和生态环境建设取得新突破，重点区域和重点产业的发展达到预期水平。国家发展改革委、外交部、商务部为落实习近平总书记提出的建设"21世纪海上丝绸之路"的规划，于 2015 年 3 月 28 日联合发布了《推动共建丝绸之路经济带和 21 世纪海上丝绸之路的愿景与行动》。自此西部大开发战略实施经过十几年的努力轰轰烈烈向前推进。

随着西部大开发战略的实施推进，西部的产业结构正在发生变化，整形转换阶段的优势产业正在成长，各区域在发展中显示出不同的特点。从目前各区域经济实际发展态势来看，呈现出两个明显的特点：一是具有独特的资源优势产业明显外部竞争少，且市场前景广阔、市场需求具有持续性。如稀有的矿产品及天然气、水电等。这些资源的规模潜力巨大；二是具有区域性的资源产业垄断市场，由于地域辽阔，更为满足特定市场需求的一些产业提供了存在和发展的空间。同时因区域内的城镇化基础设施建设和危旧城区建筑改造而产生的大规模需求，为这种就地生产就地销售提供了长期的稳定的发展基础和区域性垄断优势。这些都成为西部经济发展的重要推力。

第二节 发展特点

一、地方政府抢占先机大力发展安全产业

国家实施推进的西部大开发战略，给重庆改革开放和经济社会发展带来了历史性机遇，重庆市政府紧紧抓住西部大开发给重庆经济的发展带来的六大有利因素，即西部大开发有助于重庆加快构筑西部地区功能最为完善的基础设施体系，有助于进一步强化重庆作为长江上游经济中心的综合功能，有助于增强其辐射带动作用；西部大开发将极大地推进以三峡库区为重点的生态环境建设，极大地推动三峡库区开发性移民的顺利实施和库区经济社会发展；西部大开发将极大地促进重庆产业结构调整和生产力合理布局，极大地加快国有企业改革和老工业基地振兴，进而实现重庆经济新的腾飞；西部大开发将加快重庆科技教育发展，促进科教兴渝战略的进一步完善和实施，实现把重庆建设成为西部科技创新和人才培育基地的宏伟蓝图；西部大开发将有力地促进重庆加快改革开放进程，加快建立社会主义市场经济体制的步伐，吸引内陆地区龙头企业和创新产业向西部集聚；西部大开发将进一步加强重庆与西部各省区、东部地区和长江沿江各省市的经济紧密合作，协作发展、优势互补，促进安全产业的发展与经济发展协调一致，切实起到安全产业为经济发展保驾护航的作用。

重庆市是我国西部唯一的直辖市，也是长江上游最大的中心城市和西部地区最大的工商业重镇，具有发展经济潜力巨大，交通便利发达，又有较完善的基础设施，除自身具有的综合经济实力外，还有较强的对周边地区的辐射能力。重庆市独有的长江黄金水道和三峡库区开发的特殊优势，是西部地区唯一拥有长江黄金水道的特大城市，并且处在三峡库区腹地有利位置，三峡大坝建设，首先是库区百万移民及城镇、企业的迁建，一系列的举措势必会极大地带动与之密切相关的安全产业发展。国家29个部委和22个省市的对口支援给三峡建设带来了资金、技术、管理等要素资源，也为发展安全产

业带来充足资金。重庆衔接东部经济发达地区和西部资源富集地区，具有得天独厚的区位优势，又是长江经济带和西部地区的结合点，能够很好地发挥在长江经济带中承东启西、左右传递助攻中央政府西部大开发的战略枢纽作用，打造互惠互利、共谋发展的区域经济协同发展的新格局。在西部大开发中乘势大力发展安全产业发挥出行业"龙头"作用、"窗口"作用和辐射作用。

地处我国西部的重庆市拥有三大相对优势：一是科技教育，重庆已有25所高等院校，81所中等专业技术学校和23所成人教育高校；独立的科研机构和各类技术开发机构1000余所，各类专业技术研究人员近56万人，建立了国家级的"重庆高新技术产业开发区"和"重庆经济技术开发区"并发挥着巨大作用；二是人才聚集，重庆是著名的历史文化名城，大量的优秀人才聚集于此，尤其是重庆成为直辖市以后，更是吸纳国内外不少有识之士纷纷来渝发展；三是产业技术方面，重庆具有雄厚的工业基础，尤其是安全产业行业潜力巨大，具有较完善的综合配套设施。建立的国家级高新技术开发区和经济技术开发区更是以发展安全产业为引领，致使重庆的安全产业的发展在全国都具有示范作用。

二、安全产业园各具特色

我国西部地区第一个集安全产品的研发、制造、交易、物流、培训、演练于一体的安全（应急）产业基地于2011年9月26日在重庆麻柳沿江开发区正式开工建设，该基地成功建设带动产值达数百亿的新兴产业集群发展。园区建设总投资150亿元人民币，园区建成投入使用后年销售额不低于300亿元，每年上缴国家税收不低于15亿元，同时解决了约35000人的就业问题。2015年应急产业园已通过吸引国内外相关企事业单位入驻，产业集群效应凸显，通过搭建融应急装备技术研发中心、成果孵化中心、职业教育培训学校为一体的安全服务体系，营业收入稳步上升，达到300亿元，尤其是应急装备制造业工业总产值更是达到200亿元，其中以应急技术及产品展示、交易、使用等为主的安全服务产值达到100亿元。预计到2020年，安全产业园区的总产值很可能突破1500亿元。成功打造了我国首个应急装备产业化基地和军工技术创新转化产业示范基地。

消防安全产业园于 2015 年 1 月 24 日落户重庆市万盛经济技术开发区，计划 2018 年建设完成并全面投入使用，初步统计将有 30 余家企业入驻，园区一旦投入使用，年销售总额预计达 38 亿元，利税总额 5 亿元，至少解决 5000 人就业。这是全国首个以消防安全为主题的产业园，消防安全产业园总面积 3000 亩，总投资为 100 亿元，园区分为制造与交易区、生产服务区，服务区主要功能包括科技研发检测、生产制造、交易市场、实训培训等安全服务，建成后的消防安全产业园是一个集消防、安防、应急救援设备生产、销售、研发、认证、检测、展示、培训于一体的专业化消防安全产业集聚地。

新疆地理位置十分重要，不仅有 17 个一类口岸，还与 8 个国家接壤，历来是古丝绸之路的重要通道，四通八达的交通和丰富的矿产资源及其独特属性造就了新疆无限潜力。诸多因素验证了在新疆建设国家公共安全应急产业基地的必要性。国家公共安全应急产业基地总占地面积约 27 平方公里，基地按功能划分为航空板块、科研板块、产业板块、生态资源、教育板块、科技板块以及配套生活板块等 7 个板块，该项目投资约 360 亿元。新疆生产建设兵团 12 师与国内知名金融企业携手成立城投公司，共同承担对国家公共安全应急产业基地的开发建设，众多优质企业陆续进驻不仅提升生产建设兵团 12 师的 GDP、税收，提供就业机会，更吸引高端产业移民。有效满足了新疆对公共安全应急产业的迫切需要，基地 1500 公里的辐射范围势必在国际救援以及保障新疆稳定发展中发挥极大的作用，强有力地推动西部经济发展。

地处我国西部的陕西西安高新区，1991 年被国务院批准为首批国家高新区，高新区自建立以来借助科教资源集聚的优势，以推进科技成果转化，主推特色高新技术产业的发展为目的，园区科技创新使主要经济指标年均增速超过 30%。快速发展的西安高新区有力地带动了地方产业结构的调整，促进陕西经济的发展。作为国家级高新区（基地）发展的示范旗帜，其成功经验证明了高新区依托自主创新实现跨越发展是带动促进地方经济发展的有效途径。西安高新区站在历史新起点上，不断加强完善科技创新载体建设和科技成果转化体系。从成立至 2017 年，西安高新区已引进两院院士 68 名，有 17 人入选国家"千人计划"，培育建立聚集各类重点实验室、技术中心超过 200 个，设立 20 家企业博士后工作站，占陕西省的总数的三分之一。西安高新区落实科技成果的转化实施，以西安科技大市场、西安科易网技术交易平台等交易平台为媒介，先后举办各类产学研对接活动 800 余场，达成技术交易 18000 余项，合同额达 400 亿元。成功培育了陕鼓动力、炬光科技等 1200 家高新技术企业，以科技优势向创新优势、经济优势的转化为发展目标的西安高新区，已成为我国科技创新能力最强、科技创新服务体系最完善的国家高新区之一。

第三节　典型代表省份——陕西省

一、发展概况

地处我国西部的陕西省，抓住"一带一路"建设的有利时机，结合自身优势，大力发展安全产业，视培育和发展安全产业为一项生命工程，把预防和消除安全生产隐患，提高全社会安全保障能力，营造和谐社会作为重中之重，加强安全监管，提高安全技术装备水平成为开展各项工作的首要条件。陕西省的煤矿安全产品、消防安全产品、交通运输安全检测监控系统等领域在巨大的市场需求的牵引下发展势头越发强劲，借助区域优势产品优势越发显现，不仅拥有了一批核心技术和专利产品，更使得一批市场开拓能力强、潜力巨大的安全产品制造企业顺势壮大，据初步统计，安全产业直接相关的制造企业在全省达 753 家，创造价值利润 260 亿元。相伴而生的安全服务体系建立完善，安全认证咨询及其配套服务企业日趋完善壮大，成为陕西省安全产业新的增长点。2017 年全省经济保持在合理区间运行，持续健康稳定发展，经济结构朝着利好方向不断优化，不断提质增效的经济发展势头良好。全年地区生产总值超额完成预期，与上年相比增长 7.6 个百分点，城镇建设基本缓解了就业难题，CPI 涨幅有效控制在 1.3%。

陕西省主要优势是能源矿开发，尤其是矿业资源更是陕西工业发展的支撑。矿业资源开采过程中极有可能带来灾害，诸如矿山瓦斯、顶板、水灾、火灾、粉尘、机电事故等，本着"以人为本"以及矿山本质安全的目的，陕西省政府力求做到紧急避险、矿山通信系统以及相关的矿山安全产品形成具规模和相对完整的产业链，矿山本质安全市场定位、产品创新。目前陕西省安全产业因地制宜已形成西安以矿山安全产品、消防安全产品、交通运输安全检测监管三大领域为主；宝鸡侧重于消防车辆及消防配套设备、特种劳动防护用品、危化品仓储及运输检测传感器；榆林则以矿用安全产品及其配套产品、特种防护服产品为主打；渭南和铜川重点以矿用安全配套产品为主。截至 2017 年底，全省取得煤矿安标认证的煤矿安全设备生产企业的数量，稳居全国第 8 位。从事消防设备制造企业数量位居全国第 16 位，其中自动灭火设备制造企业得益于起步早、起点高，并广泛应用于核电、军工等领域；消防设备中火灾报警产品不仅种类全，且技术含量高；从事高端消防装备（消防车、消防泵）行业的企业相对较少，但优质产品创造的利润仍领跑行业。陕西省在危化品仓储运输、交通运输的安全监控系统、交通监管卫星导航与卫星服务方面都具有先发优势，率先在全国形成了交通安全监控与管理导航系统及各种安全探测传感器研发制造、终端电子地图等系统整体解决方案；建立完善车载位置运营法务等监控定位应用产业链。

二、发展重点

陕西省政府重视安全产业发展。2017 年 11 月 26 日发布《中共陕西省委陕西省人民政府关于推进安全生产领域改革发展的实施意见》，提出到 2020 年健全安全生产责任体系，2030 年实现安全生产治理体系现代化。同时，《实施意见》明确指出要强化重点领域专项治理，建立社会化服务体系，建立安全科技支撑体系，加大安全科技推广应用，实现科技兴安的任务。11 月 3 日，陕西省安委会印发《关于加强安全生产源头管控和安全准入工作的指导意见（试行）》，要求完善高危行业领域的安全准入制度，严格规范工艺技术设备材料的安全准入标准，有效提高安全产业技术装备的技术质量要求，对产业提升起到促进作用。

陕西省自启动知识产权强省建设，促进知识产权质押融资，培育知识产权密集型产业，抓好国家知识产权投融资试点和国家专利保险示范城市建设以来，持续加大研发投入使创新驱动发展战略得以深入实施，2016 年有 37 家科研院所推广了"一院一所"模式，技术合同成交额达到 802.7 亿元之多，专利授权量在原有的基础上增长了 45.7%，居全国首位，收获国家自然科学奖、技术发明奖分别居全国第 2 和第 3 位。积极培育开发新支柱产业，大型运输机整装待发，新舟系列飞机批量投入生产，汽车产量相比上年有大幅提升，达到 42 万辆；为支撑长远发展，分别与华为、中兴、比亚迪等著名企业成功签署项目协议；战略性新兴产业、建筑业的增加值稳步攀升，占 GDP 比重相比上年分别超过 10.7% 和 9%，高新技术企业在原有的基础上增加了 594 家，高新技术产业创造价值同比增长 27%。

行业龙头效应凸显，有效带动企业技术创新。矿山安全领域紧紧围绕"安全技术及工程"国家重点学科，形成了国家矿山救援技术研究中心、西部煤矿安全工程中心、国家安全生产勘探设备甲级检测检验中心为主的研发中心等高科技研发；形成了以西安重装集团、中煤科工集团西安研究院、陕西斯达、西科测控、森兰科贸、航泰电气等一批在全国具有较强影响力的龙头企业的局面。作为消防安全领域佼佼者的陕西银河公司，更是国内少数能够同时制造三类高端特种消防车的领军企业；西安航天泵业利用火箭发动机涡轮技术开发的多用途车载或船用高压高程消防泵，已达到了国际领先水平；西安盛赛尔是最早进入国内消防市场的国内最大的火灾探测器外资生产商，这是一家专业生产火灾自动报警器产品的外资企业；陕西的坚瑞消防、西安康博电子分别是国内首家 A 股上市的消防企业，同时也是国内少有的几家提供工业消防与安全探测报警控制系列产品的企业；西安新竹企业是国内拥有专利最多的从事气体消防的企业，十分注重科技创新，获得国家级专利 300 多项。在交通运输安全监测监控行业，西安定华公司遥遥领先，尤其在危化品仓储与运输全过程安全防护方面更是处于国内领先地位；陕西省西安铁路信号有限责任公司在轨道交通信号安全控制系统设备、安全信息系统设备、信号基础系统设备、机车车辆电气控制系统设备、城规控制器材系统设备等领域领先于全国其他企业；航天科工西安华讯公司生产的高性能导航芯片、模块等产品，市场占有率为国内第一；北斗康鑫公司牵头，多家公司加盟联合建成的陕西北斗导航位置综合服务平台为企业跨区域、跨行业、全方位的位置服务铺路架桥；陕西航天恒星已建立并不断完善由软件组成的"飞邻"公共数据服务平台及其导航应用完整产业链条，早已广泛应用于我国地震应急救灾、林业安全、世博会车辆安全监控。

集"资"广益、投资主体多元化，充分发挥雄厚的军工企业在各个行业所起的行业先导、输送人才、高端技术开拓以及其对安全产业链上下游企业的发展辐射带动作用，依赖其军工企业的得天独厚的优势，使得更多民营企业成功向军事消防和军事运输安全领域进军，而军工企业利用自身优势通过兼并收购具有良好市场前景和创新技术产品的民企来开拓民品市场，进而带动业内中小企业集聚发展，共同打造具有专业的创新产品和细分市场。

加快向制造服务转型，产业优化升级的步伐，为确保从事安全产品制造企业的发展壮大，降低上游企业的生产成本和能量消耗，有实力的企业积极拓展向产品后端服务，越来越多的大型矿山安全产品制造企业积极搭建井下设备及危险源在线安全监测联网平台；具有一定规模的消防设备制造企业乘势向价值链两端延伸，且获得了住建部消防工程施工一、二级资格认证，实现产品制造与消防工程总承包"两手抓"完整产业链，安全生产、安全检测、防灾减灾、应急救援等技术支撑服务和推广应用技术、工艺、产品的安全中介服务机构应运而生，且不断完善。

园区篇

第十三章 徐州安全科技产业园区

第一节 园区概况

徐州安全科技产业园始建于 2010 年，由徐州高新区与中国安全生产科学研究院、中国矿业大学等单位协同推进建设。安全科技产业是国家重点的战略性产业，也是徐州高新区致力打造的特色产业。近年来，徐州高新区依据自身产业优势，积极推进协同创新、努力集聚安全企业、致力搭建平台载体，初步形成了矿山安全、消防安全、危化品安全、公共安全、居家安全为主导的产业体系，得到了工信部、科技部、国家安监总局等国家部委和各级政府领导的高度认可和大力支持，为我国首个安全产业示范园区。据不完全统计，2017 年园区整体规模超过 400 亿元。未来，园区将按照"建设三大中心、打造一大基地、形成千亿产业"新的发展定位，打造安全装备生产制造基地，力争将徐州国家安全科技产业园打造成国内一流、国际有影响力的安全产业发展和安全科技创新集聚区。

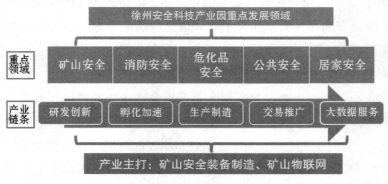

图 13 - 1 徐州安全科技产业园发展重点领域及核心环节

第二节　园区特色

一、审时度势，把握安全产业发展先机

徐州安全科技产业园区位于铜山区。铜山区自古"地产坚金"，拥有"煤都"之称，是我国华东地区最大的煤炭工业基地。煤矿工人的作业安全，备受社会广泛关注，也是安全发展的重中之重。在保证顺利产出的同时，如何保证工人的人身安全亟待解决。因此，科技园区以矿山安全为抓手，最先在国内提出了"感知矿山"的概念，在全国第一个建立了感知矿山物联网研发中心和矿山物联网示范工程，被江苏省评为"江苏十大科技创新工程"。凭借着扎实的产业发展基础和优异的科技创新能力，徐州安全科技产业园区于2013年被工信部和国家安监总局批准为国家安全科技产业示范园区。目前，铜山安全科技产业已形成从上游科技研发孵化、中游装备制造生产到下游产品与技术交易的完整产业链。48家安全装备企业集聚铜山，感知矿山物联网技术全国领先，"中国安全谷"得到国家层面认可。

二、安全产业规模不断扩大

一是加快做大安全产业旗舰企业体量。2017年，徐州安全科技产业园发挥总额50亿元的安全产业投资基金引导作用，促进徐工集团深度涉足安全产业领域，相继在高新区规划建设消防和应急救援装备基地，为高新区做大安全产业集群提供了有力支撑。二是加快引进安全产业行业领军企业。依托徐州国家安全科技产业园平台，先后引进了微普科技、安元科技、韬盛科技等一批行业带动力强的企业，为高新区完善安全产业布局提供了有力促进。三是加快培育安全产业小微企业。结合徐州科技创新谷建设，相继建设了"中业创享＋"、软通乐业空间、国际大学创新联盟淮海创新中心等众创空间和科技企业孵化器，全面承接高校院所科研成果，积极孵化培育安全产业科技企业，为高新区安全产业未来发展奠定了扎实基础。目前，徐州高新区已形成

了涵盖矿山、消防、危化品、公共安全、居家五大方向，集研发、孵化、专业园区于一体的产业发展体系。2017年安全产业产值可突破400亿元。

三、安全产业体系日趋完善

结合徐州发展基础和国家战略需求，徐州安全科技产业园重点发展五大领域：一是矿山安全领域。这是徐州高新区安全产业的起源，园区依托中国矿业大学的有力支撑，巩固领先地位，全力推进矿山安全产业加速提升。二是危化品领域。这是国家、全社会近来高度关注的领域，而且危化品安全事故高发，市场需求大，园区依托南京工业大学支撑，推进危化品安全产业全面集聚。三是建筑消防安全领域。消防领域既涉及安全生产又涉及防灾和应急救援，地位十分重要。园区依托徐工集团、微普安全等行业领军企业支撑，全力提升这一领域首位度。建筑是传统产业领域，但安全形势排位靠前，将在较长时期内保持较大需求，目前在这一领域已集聚了韬盛科技等骨干企业，同时还有良好的区域产业支撑，有利于发展安全产业的实体经济。四是公共安全领域。徐州安全科技产业园引进了中星微、软通动力、华录数据湖、中软国际等大数据服务平台机构，将结合智慧城市建设，全面布局公共安全产业发展。五是居家安全领域。随着人们生活水平的提高，新发展理念的深化，居家安全越来越受到重视。园区将依托软通动力、中软科技等企业，全面推进这一领域产业加快发展。

四、安全科技创新体系初步形成

物联网技术、传感技术、人工智能等现代技术日新月异，为安全产业发展提供了技术支撑。为紧跟各类前沿技术发展潮流、加快各类技术成果产业化，2017年，徐州安全科技产业园积极推进安全产业科技创新体系建设，布局建设了徐州科技创新谷、徐州产业技术研究院、徐州安全产业应用技术研究院等14个产业科技创新平台，引进了4名两院院士，27名国家"千人计划"专家，搭建了危化品安全大数据平台、安全监管大数据平台，并且首只地方性安全产业发展投资基金落户徐州，"人才＋平台＋金融＋政策"的安全产业科技创新体系初步构建，安全产业自主创新能力全面提升。

"产学研"结合，安全科技协同创新，这是徐州国家高新区走出的最具特色的推动安全生产的路子。努力推动协同创新，把高校科研机构、装备制造生产企业、市场需求主体和金融服务机构等分散的资源加以集成。"产学研"结合带来的丰硕成果，使铜山更坚定走科技协同创新的道路；安全科技产业领域取得的成就，使安全产业已经成为徐州高新区重点推进的战略性新兴产业。

表 13 - 1　徐州安全科技产业园"产学研"结合的案例

领域	具体事件
高校科研机构	徐州高新区是苏北乃至淮海经济区最大的科教集聚区，通过与中国矿业大学、浙江大学、华中科技大学等建立"5+1"协同创新联盟，成立淮海科技创新研究院，与教育部联合实施"蓝火计划"，建立中国高校科技成果转化中心徐州分中心，吸引大量科技人才。
金融服务机构	高新区先后与华泰证券、广发证券、天津股权交易所签署了战略合作协议，申请设立了苏北首家政策性科技支行，建设了高新担保基金和科技企业小贷基金，出台了一系列优惠政策，培育各类上市企业 5 家，并形成了上市一批、在会一批、辅导一批的良好态势。
装备制造生产企业	徐州拥有徐工机械、卡特彼勒等世界著名的工程机械生产企业，围绕这些核心企业形成了相互衔接配套的工程机械产业集群。良好的机械工程生产体系为安全科技成果的产业化提供了技术和人才基础。
市场需求主体	徐州国家高新区以矿山安全物联网为纽带，与中国安全生产科学院联合打造国内首个安全科技产业园，集聚像中矿大华洋这样的矿山安全技术与装备生产企业近百家，研发机构数十家，至 2016 年总产值已达 300 亿元。

五、安全产业示范效应日益彰显

自被工信部、国家安监总局批准为全国首个安全产业示范园区以来，徐州安全科技产业园认真总结发展经验，科学分析路径成果，形成了 10 多篇安全产业发展研究论文，在国家高新智库等平台进行交流分享，得到广泛传播。依托"一带一路"安全产业发展论坛，把产业发展成果推向"一带一路"沿线国家和地区，区内企业格利尔数码成功中标孟加拉国四大城市智慧照明工程，为安全产业加快"走出去"步伐带来了积极的示范效应。园区的一些做法得到了相关部委和地区的认可。2017 年以来，园区先后接待山东、四川、新疆、黑龙江等地 30 多家安全产业发展考察团，传递了安全产业发展新理念，交流了发展经验，为我国安全产业加快发展贡献了徐州智慧。

第三节　存在问题

一、产业扶持政策有待细化

由于安全产业规划、安全产业目录等产业发展的重要指导依据有待制订，安全产业尚缺乏明确的产业发展战略和系统的产业政策体系，仍需要更为细化的产业政策支持。对于安全产业中一些随着社会发展新需求涌现的新产品和新服务，尚缺乏相应的产业政策引导，尤其是一些具有公共物品属性的安全产品和服务。徐州安全产业园区已大力投入如矿山安全装备、救援服务等公共物品，但公共物品往往一次性投入高，技术难度大，投资风险较高，企业缺乏研发和生产的动力，有待加强政府引导，推动此类产品和服务的发展，以保障社会需求。

二、服务体系需进一步完善

一是政府引导的产业结构偏重产品制造。徐州安全产业园区近年来虽取得了快速发展，但园区内产品结构单一，大部分技术与装备都是应用于矿山领域，偏重发展产品制造，园区内同类化、同构化和同质化问题较严重，但安全产业中的安全服务业发展偏弱。其次，服务体系有待完善。徐州国家科技产业园在部分领域有着丰富的科研队伍和良好的研发基础，在产业链上游的研发环节具有明显优势，但在投融资、技术孵化、检验检测、市场营销和安全服务等领域，尤其是促进研发成果转化、推动产品市场化的产业服务领域，缺乏强大的产业支撑，导致大量的研发成果，只有少数得以转化投入生产；使得一些适合社会实际需求、技术先进的产品在市场开拓方面进步迟缓，阻碍了产业规模进一步扩大。

三、招商引资针对性有待提高

目前，徐州安全科技产业园在矿山安全、交通安全、危化品安全、应急救援等诸多领域取得了长足的发展，虽然集聚了一批安全产业企业，但企业规模不大，旗舰型企业不多，囿于资源、区位等因素，产业跨越式发展动力不足。招商引资工作更多的是从扩大产业规模的角度去考虑，对基于产业发展战略规划引进关联度高、协同性强的龙头型、基地型企业的工作考虑不多、做得不够。特别是产业关联度高、带动性强、市场前景好的大项目招商难度较大，缺乏对大项目所需的资源配置，无法满足企业的要求。

第十四章　中国北方安全（应急）智能装备产业园

第一节　园区概况

中国北方安全（应急）智能装备产业园坐落于营口高新区，总规划面积20.47平方公里，全区入驻企业逾300家。按照立足营口、服务东北、辐射全国的定位，中国北方安全（应急）智能装备产业园区以"应急"和"智能"为特色，构建起以矿山安全（应急）智能装备制造为主导，以危险化学品、交通运输等领域安全（应急）智能装备制造和安全（应急）装备的物流运输、市场贸易为辅助，以安全监测预警为主要技术方向、以智能安全（应急）装备为特色，产业体系完善的安全（应急）智能装备产业。园区具备较好的科技基础，与中国科学院等科研院所和大连理工大学、哈尔滨工业大学等高校有着密切合作，建立了国家级技术转移中心分中心、创业服务中心和生产力促进中心等机构，这些科技研发平台和成果转化平台为安全装备产业发展提供了研发设计、检验检测、质量标准认证、培训教育、信息服务等支撑和保障。

2012年，营口市委第十一届六次全会提出"加快发展矿山救援设备制造业，全力推进国家级智能安全装备产业园创建工作"的战略部署。营口市委、市政府确定以营口高新区为主导承载区，规划建设中国北方安全（应急）智能装备产业园，加快产业集聚、升级，创建国家安全产业示范园。

2014年7月，鉴于营口市高度重视安全装备产业园建设，充分利用国家振兴东北老工业基地等三项国家发展战略和区位优势，突出矿山监测监控、紧急避险、应急救援等安全及智能装备的研发和制造，并已初具规模，基本具备了全面推进安全产业发展的条件，中国北方安全（应急）智能装备产业园被国家安监总局与工业和信息化部正式列为"国家安全产业示范园区"创建单位。

2014年9月，中国北方安全（应急）智能装备产业园亮相第七届中国国际安全生产及职业健康展览会，辽宁卓异装备制造股份有限公司、营口瑞华高新科技有限公司等17家参展企业集中展示宣传了安全装备产业园的发展建设情况以及入驻企业的新技术、新产品。国务委员王勇到中国北方安全（应急）智能装备产业园展区视察，对中国北方安全（应急）智能装备产业园所做的工作表示肯定，并对园区的下一步发展提出了要求。

2015年3月，中国北方安全（应急）智能装备产业园提出全力打造"中国北方安全谷"的建设目标，将以现有安全产业为基础，按照"做实基础、延伸链条、纵深推进"思路，加快培育和打造安全装备产业集群；以"重点突出、协调兼顾"为原则，着力推动龙头企业的升级发展，重点研发矿山探险、防险、避险、救险安全装备产品及信息系统，同时发展危险化学品、道路交通运输、建筑设施、海上作业平台、职业健康等安全装备产品。产业园计划到2020年，园区内入驻100家安全产业企业，30家研发机构，促成具有行业影响力的龙头企业出现，初步形成以贸易集散和物流仓储为代表的服务链条，实现600亿元的安全装备产业年产值。

2017年9月，辽宁自贸区营口片区举行中国北方安全（应急）智能装备产业园项目对接洽谈会。会上，营口自贸片区相关负责人向中国北方安全（应急）智能装备产业园参会企业介绍了相关工作，发布了安全（应急）产业项目信息，并与企业负责人洽谈智能装备产业发展与项目需求。

目前，中国北方安全（应急）智能装备产业园园区空间规划、产业发展规划以及创建国家示范园和招商引资等工作均已全面开展，各项工作取得了阶段性成果。规划和发展中的安全装备产业，按照高端、智能、集成的方向发展，将切实体现国家级高新区"高"和"新"的要求。中国北方安全（应急）智能装备产业园从2014年创建初期的50多家安全产业企业、生产能力约100亿元，发展到现有安全产业企业97家、生产能力超过500亿元，形成了以安全（应急）智能装备为产业特色，以安全监测预警和应急救援为主要技术方向，以物流运输、贸易集散为辅助的安全产业体系。研发集聚效果和产业集聚效果都开始展现，整体概念性规划和实体性拓展已经完成。同时，也初步形成了围绕营口高新区这一主要承载区布局重点园区的安全装备产业发展格局。

第二节　园区特色

一、雄厚的装备制造产业基础

营口是三大国家战略（振兴东北老工业基地、辽宁沿海经济带和沈阳经济区）的唯一叠加区域，产业基础雄厚，装备制造是其六大支柱产业之一。在营口市委、市政府对创新驱动发展战略的高度重视和超前谋划下，营口高新区依托原有的良好工业基础提前部署，把握国家制造强国战略和安全智能装备产业新的风向标，最终确定由中国北方安全（应急）智能装备产业园重点发展安全智能装备产业，这也是基于安全装备产业的发展前景作出的综合预判和科学考量。

二、具有丰富的科研资源

营口高新区拥有中国农业科学院、中国林业科学研究院、中国水利水电科学研究院，以及哈尔滨工业大学、西安交通大学、大连理工大学等科研院所、大专院校的科研总部基地项目，并以院士工作站、工程技术研究中心、研发中心等科研机构为依托，显著增强了自主创新能力，为中国北方安全（应急）智能装备产业园的科技研发工作提供了坚实后盾。

三、拥有独特区位优势

营口地处渤海之滨、辽东湾畔，位于东北亚经济圈的中心位置，海、陆、空交通便捷。筹建于1992年的营口高新区位于营口西部，临河濒海，与主城区紧密相连，2010年经国务院批准成为国家高新技术产业开发区。营口高新区交通便捷，公路、铁路、航空、水运立体交通网络发达，位于高新区的中国北方安全（应急）智能装备产业园具有独特的区位优势，为安全产业的上下游输入输出打通各个交通要塞：沈海高速公路、哈大铁路和哈大高铁贯通高新区全境；附近的营口兰旗机场2020年的旅客吞吐量可达到75万人次、货邮吞吐量4130吨；营口港地处丝绸之路经济带和21世纪海上丝绸之路的交汇区及"京津冀协同发展"与"东北振兴"两大战略区的结合部，2015年完成吞吐量3.38亿吨，集装箱运量592.2万标准箱（位列国内沿海港口第8位，世界第12位），海铁联运完成43.1万标准箱（位列国内沿海港口首位）。

四、龙头安全装备企业各具特色

目前，越来越多的安全装备企业在营口高新区集聚，近50家安全装备企业获得政府重点支持，龙头企业产品各具特色。例如，以营口忠旺铝业有限公司研发的轨道车辆整体车厢、轻量化专用汽车车厢和建筑专用铝模板，营口盼盼安居门业有限公司生产的多功能防火门、安全门为龙头的新型装备制造业，其产值能力占据全地区安全产业的1/3左右；以辽宁瑞华实业集团高新科技有限公司研制生产的矿井网络化视频监控系统和人员精确定位系统为代表的矿井物联网监测监控类技术和产品；中集车辆（辽宁）有限公司生产的特种救援车辆和道路除雪机、道路破冰机等应急救援类工程机械、车辆产品；营口新山鹰报警设备有限公司与德国合作开发的智能化火灾监控报警类产品；辽宁卓异集团装备制造有限公司和中国航天工程研究院联合研发的煤矿井下避难硐室生命支撑体系；以营口新星电子科技有限公司自主研发的车船用智能化有毒有害气体报警装置为代表的道路交通安全防护类产品。这些技术和产品有的已处于国际领先地位，有的处于国内同行业之首。此外，随着汽车行业的日益发展，营口市汽保、汽配行业发展迅速，营口光明科技有限公司研制的车辆动平衡监测机械等一批高科技专利产品问世并投入生产，为中国北方安全（应急）智能装备产业园发展安全产业增加了新的产业门类。

表 14 – 1 营口市主要安全装备企业

序号	企业名称	主要装备
1	营口忠旺铝业有限公司	轨道车辆整体车厢、轻量化专用汽车车厢和建筑专用铝模板
2	营口盼盼安居门业有限公司	多功能防火门、安全门
3	营口瑞华高新科技有限公司	矿井物联网监测监控类技术和产品
4	中集车辆（辽宁）有限公司	应急救援类工程机械、车辆产品
5	营口新山鹰报警设备有限公司	智能化火灾监控报警类产品
6	辽宁卓异装备制造有限公司	煤矿井下避难硐室生命支撑体系
7	营口新星电子科技有限公司	道路交通安全防护类产品
8	营口光明科技有限公司	车辆动平衡监测机械等
9	营口中润环境科技有限公司	矿用移动救生舱配套
10	大方科技（营口）有限责任公司	GJG10J 光谱吸收甲烷传感器
11	营口龙辰矿山车辆制造有限公司	矿用窄轨防脱轨行走机构安全人车
12	营口赛福德电子技术有限公司	大空间自动寻的喷水灭火系统、图像型火灾探测器
13	新泰（辽宁）精密设备有限公司	精密铝铸造
14	营口圣泉高科材料有限公司	酚醛树脂生产
15	营口巨成教学科技开发有限公司	突发事件现场伤员应急救援培训系统

资料来源：赛迪智库整理，2018 年 1 月。

五、获地方政府大力支持

营口市政府高度重视中国北方安全（应急）智能装备产业园的建设，这也是营口市委、市政府从战略布局角度确定的发展重点之一。同时，营口市成立了以市长为组长的国家安全装备产业示范园领导小组，建立了组织有力、实施有效的工作机制和保障体系。营口高新区涵盖辽宁渤海科技城、卓异创新产业园等"一城多园"的创新创业平台，可以为中国北方安全（应急）智能装备产业园发展提供研发设计、检验检测、质量标准认证、信息服务等支撑和保障。

第三节 存在问题

营口发展安全产业、推进中国北方安全（应急）智能装备产业园建设还在路上，还存在诸多问题有待改进。突出表现在：一是产业集群效应不突出，企业规模偏小，缺少在国际上有竞争力、在国内有影响力的大型龙头企业。二是主导产品品牌效应不强，核心竞争力较弱，特别缺少在国际、国内有影响力的领军品牌。三是园区特色和集群效应有待进一步突出。目前进入产业园区的企业存在区域分散、产品品类分散的状态，并未完全形成区位优势和产业集群，市场竞争力有待提升。

第十五章　合肥公共安全产业园区

第一节　园区概况

　　我国安全产业作为亿万级产业之一，总体容量巨大，产业发展十分迅速。2010年我国通过国发23号文，首次从国家层面提出安全产业的概念和培育安全产业的要求，安全产业范围和具体内涵随着国家对安全保障需求的日益提高逐渐扩大，将已经存在的安全产业企业纳入了安全产业规划中，并通过国家的针对性投资和规划建设促进高新企业创立和原有企业的转型发展。经过7年间各省市的不断投资发展，据统计，截至2017年第三季度，我国安全产业企业仅上市公司数量即已超过380家，安全产业规模总体在13000亿元以上。在此机遇下，合肥市借助合肥国家科技创新型试点市示范区（以下简称合肥高新区），以"领军企业—重大项目—产业链—产业集群—产业基地"为发展思路，在安全产业领域积极开展抢位发展，2015年园区安全产业营业收入347.4亿元，2016年园区安全产业营业收入428.4亿元，以23.3%的速度快速增长；2016年，合肥公共安全产业园区的安全产业收入占全省安全产业的65%，全市的90%以上，带动了合肥市全市公共安全产业的快速发展。在合肥高新区的带动下，合肥市安全产业总产值从2008年的105亿元规模提升了四倍以上，产业发展速度极其迅猛。2015年12月，国家安监总局、工业和信息化部正式批复同意合肥高新区创建国家安全产业示范园区，合肥高新区凭借其对我国安全产业发展的标杆作用和对周围经济的强大带动作用，成为我国首批国家级安全产业示范园区创建单位。

　　科技部火炬高新技术产业开发中心2017年发布的《关于通报国家高新区评价（试行）结果的通知》显示，2016年合肥高新区在全国146个高新区中排名第六,较 2015 年上升 1 名,较 2014 年上升 2 名。1991 年,合肥高新区成为首批国家级高新区之一,经过 6 年发展,1997 年成为中国亚太经合组织科技工业园区,2003 年和 2008 年两度被评为"先进国家高新技术产业开发区",是我国国家首批双创示范基地和应急产业基地。2016 年,合肥高新区地区生产总值 562.4 亿元,同比增速 11.1%。合肥高新区规划用地共计有 104 平方公里,实际管辖面积 128.32 平方公里,常住人口 20 余万人。全区分为重点发展区、南岗科技园、建成区、柏堰科技园和示范区五部分,其中重点发展区占地面积 39.75 平方公里,智能语音、集成电路和生物医药等高新技术是发展重点;南岗科技园占地共计 20.22 平方公里,主要发展汽车制造业、汽车配套设备制造业和先进制造业等;建成区占地面积 14.12 平方公里,主要发展新一代信息技术和生物医药等;柏堰科技园占地 9.24 平方公里,主要发展智能家电;示范区占地 35.8 平方公里,位于高新区中心,发展内容包括新一代信息技术、文化创意产业、安全产业、生物医药、新能源技术及产品等。合肥高新区安全产业园区分为孵化园和产业园两个部分,孵化园位于高新区的示范区,面积 800 亩,约占示范区占地面积的 1.49%;产业园则位于重点发展区,占地面积 2500 亩,约占重点发展区占地面积的 4.19%。

第二节 园区特色

一、园区产业发展保障能力强

合肥高新区政府对园区产业发展较强的规划管理及保障能力,是合肥高新区安全产业在国家政策支持下快速发展的动力来源之一。高新区政府从顶层规划、组织保障、政策扶持、要素支撑、创新机制等五个方面为园区安全产业发展提供有力支撑。

在顶层规划方面,高新区在全面落实国家、省、市、区"十三五"规划的基础上,委托进行了"中国合肥安全产业园发展研究",并委托专家结合园区实际,制定并具体实施了《合肥高新区安全产业园示范园区实施方案》,通过推进规划的具体化、项目化、实物化，以短期目标的形式逐步完成规划制定的长期目标，最终推动园区安全产业发展快速、有序、脚踏实地地进行。

在组织保障方面，为加快高新区应急产业发展、进一步优化产业发展环境、提高产业的总体竞争力和影响力，合肥高新区管委会办公室成立了合肥高新区应急安全产业发展工作领导小组，建立完善了部门工作协商机制。为聚集人才资源，高新区还成立了安全产业专家咨询委员会，建立了研讨机制，定期研究产业发展重大问题，评估产业创新成果，同时加快推广示范应用。

在政策扶持方面，高新区积极协助重点企业向国家部委争取重大专项支持，争取了安徽省战略新产业基地政策支持，制定了高新区加快安全产业发展专项政策，落实了国家向全国推广的中关村 6 条先行先试政策。根据《关于印发合肥高新区 2015 年扶持产业发展"2＋2"政策体系的通知》（合高管〔2015〕137 号）文件要求，完善、兑现了对安全产业的重点扶持政策。此外，高新区年投入 1.6 亿元支持"双创"企业，最终 2016 年区内安全产业企业共获得政策支持 1.5 亿元。

在完善要素支持上，园区从 4 个方面为产业发展提供了支持。从基础建设上，园区不断完善基础设施建设，提升园区综合承载力，同时积极建设科技新城，满足人才宜居宜业需求；从创新招商上，园区成立了安全产业招商工作小组，针对国内外核心招商区域实施全员招商；在金融支持上，园区设立了 2 亿元安全产业投资基金，开发了专项金融产品以积极发挥政府的引导作用；在人才引进上，园区完善了人才"双创"机制，发挥品牌优势加快引进全球高层次人才，取得了一定的成效。

在创新机制上，园区采用了信息化管理系统，对安全产业宏观运行了数据监控与分析；为解决安全产业园发展问题，实施会议调度、问题派单、实地督查等定期调度措施；实施定期报告制度和专项检查制度，将安全产业园区任务分解落实到各职能部门，并列入了年度考核计划；采用动态管理方式，完善项目管理制度，对重大安全产业项目进行了跟踪问效，对安全产业项目库进行了动态管理。

二、安全产业细分领域发展全面、带动作用强

合肥高新区安全产业相关技术企业超 800 家，直接隶属于安全产业的企

业 247 家，从业人员 1.8 万人，是园区第二大产业。园区的安全产业覆盖了信息安全、反恐安全、防灾减灾、交通安全、食品安全五大重点领域，以及产业链条中监测预警、预防防护、处置救援、安全服务四大核心环节。园区将信息技术的应用于创新作为产业链核心，将突发事件应急过程作为产业链条，全面发展安全产业。园区 2016 年安全产业营业收入达到了 428 亿元，占全省的 65%、全市 90% 以上。同时，高新区安全产业复合增长率达到了31.8%，为安徽省及合肥市的战略性新兴产业发展作出了巨大贡献。

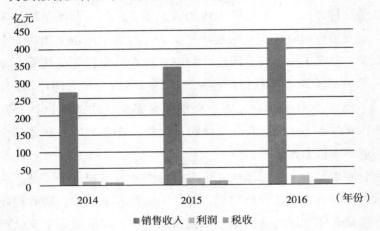

图 15 - 1 2014—2016 年合肥高新区安全产业营业额

资料来源：赛迪智库整理，2018 年 1 月。

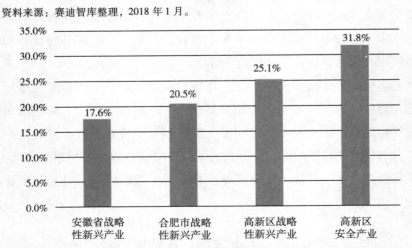

图 15 - 2 省、市、区战略性新兴产业及区安全产业 2015—2017 年复合增长率

资料来源：赛迪智库整理，2018 年 1 月。

三、产业科技含量高，创新发展成为常态

高新区以科技研发和人才引进为重点大力发展安全产业，目前已获得省部级及以上奖项 325 个，多项成果居世界领先水平。其中，国盾量子研发成果"多光子纠缠及干涉度量"获得国家自然科学一等奖；三联交通研发的"中国道路机动车交通事故主要预防技术研究及应用"获得了国家科技进步一等奖；工大高科研发的"CRI2002 企业铁路智能运输调度综合信息平台"和科大讯飞研发的"智能语音交互关键技术及应用开发平台"获得了国家科技进步二等奖。目前高新区有 6 位从事安全产业关键技术研究的院士，其中 3 位中国工程院院士，3 位中国科学院院士。2016 年，高新区完成了各类成果转化 200 项，其中重大技术成果 8 项；新获国家及省级科学奖励 3 项，其中中国科学技术大学量子信息实验室获得国家自然科学一等奖；新认定的高新技术产品、软件产品、创新产品和重点新产品 50 项，其中获省级以上认定的新产品 6 项；新主持、参与制修订国家/行业标准累计达 27 项，其中国家标准 18 项，行业标准 9 项；企业新申请专利 183 项，其中新增发明专利授权 50 余项；安全产业领域高新技术企业新增 35 家。目前，高新区区内拥有安全产业高层次创新人才 16 人、领军人才 25 人，占全省的 75%。中国科技大学先进技术研究院建有安全产业创新单元 11 个，包括火灾多参数无线传感网络火情侦察系统、食品安全残留检测用新型微梁阵列免疫传感器、重大传染病的预防及新型抗菌素研究、智能电网光纤温度传感系统、量子及其衍生技术的应用研究平台、新型高效无卤阻燃剂产业化、新型多功能防火涂层产业化、新型磷—氮膨胀型系列阻燃剂的开发及应用等；合肥工业大学智能制造研究院建有安全产业创新单元 3 个，分别为基于无人机天然气管道泄漏激光遥感探测系统、工业互联网远程安全诊断系统和油气测试技术与软件应用；中科院合肥技术创新工程院建有安全产业创新单元 5 个，分别为汽车防碰撞系统、危险超车预警系统、汽车智能与主动安全、短距激光雷达和智能交通系统中感知和决策关键技术单元。高新区内的合肥公共安全技术研究院，是由中电 38 所联合中国科大、合肥物质科学研究院，共同打造的产学研一体的公共安全应急产业创新平台，主要研究领域包括污染溯源技术、城市生命线工程安

全运行监测系统和多灾种耦合实验平台等高新公共安全技术。

表 15 – 1　合肥高新区部分重点创新发展项目

序号	项目名称	项目投资（亿元）	预期收益	建设单位/主体	主要内容
1	国家量子信息实验室及量子通信产业园	400	年收益 150 亿元	中国科学技术大学量子通信潘建伟团队	国家"十三五"百大工程第 3 项，是安全产业信息安全领域主体项目
2	天地一体化网络平台及产业园	80	年收益 40 亿元	中电 38 所	国家"十三五"百大工程第 9 项，是空天领域安全产业快速集聚发展重要工程
3	新华三集团安全产品基地项目	20	销售收入 100 亿元，税收 6 亿元	新华三集团	打造大安全产品及解决方案的全球研发及销售中心
4	博微公共安全产业园一期项目	17.02	销售收入 100 亿元，利税 11.19 亿元	中电 38 所	全面满足 5—10 年内综合预警类产品市场应用需求
5	超导核聚变中心项目	38	国际化科研中心	中科院等离子体物理研究所	研发清洁、安全、高效的新能源装备
6	装备智能服务系列产品项目	3	产值 2 亿元，税收 0.2 亿元	容知日新	建设工业设备远程智能维护服务平台
7	城市安全预警系统	5	销售收入 5.2 亿元，利税 0.46 亿元	四创电子	形成可复制、可推广的城市安全预防防护运营模式
8	年产 6000 台/套中新金盾网络安全防护产品产业化项目	2.2	销售收入 8.7 亿元，利税 1.1 亿元	中新软件	面向五年内信息安全需求，为"互联网＋"提供安全防护服务
9	远程气象空管雷达项目	2.8	销售收入 12 亿元，利税 0.82 亿元	四创电子	转化高端军用雷达技术，满足民用安全预警、应急救援需求
10	全自主飞行空中机器人关键技术研发项目	2.8	销售收入 8 亿元，利税 1.5 亿元	赛为智能	重点满足城市、海洋、森林等区域安全常态化监测服务

资料来源：赛迪智库整理，2018 年 1 月。

四、产业集聚成效显著，龙头企业引领作用强

合肥高新区通过招商引资、自主培养等多种手段，在园区富集了一大批安全产业企业，并通过细分行业龙头企业的带动作用推动产业整体发展。截至 2017 年 2 月，产业园共有安全产业企业 247 家，2016 年共新增 27 家。园区拥有中电 38 所、量子通信、新华三、四创电子、赛为智能、三联交通等龙头骨干企业。2016 年产业园在建项目共计 43 个，总投资达 207.85 亿元；已完工项目共计 36 个，总投资约为 75 亿元。2017 年开工项目共计 53 个，总投资达 288.8 亿元；正谋划项目计有 67 个，总投资将达 385 亿元。目前共有重点项目 163 个，总投资约 880 亿元。

园区以中电 38 所等企业单位为龙头，以拥有自主知识产权的人工智能及军民融合技术企业为基础，产业集群发展态势愈发良好。2016 年，中电 38 所实现销售收入同比增长 41.12%，其下属 7 家成员企业中四创电子、华耀田村、华耀电子、博维信息和博维科技等 5 家企业产值过亿。同时，安徽泽众安全科技有限公司、合肥赛为智能有限公司、安徽皖通科技股份有限公司、安徽华米信息科技有限公司、安徽航天信息有限公司等企业大力发展安全产业相关项目，加大技术研发力度，逐渐成长成为园区的龙头支撑企业。

五、公共服务平台类型全面，成果转化保障作用强

高新区为减少科研单位科技成果转化压力、促进科研单位与企业合作，为企业和科研单位提供从技术转移、创业孵化、研发设计、检验检测、知识产权到科技中介的企业建立、科技研发、成果落地、产权保护的全套服务，促进并主动建立了一系列公共服务平台。高新区已有各类科技服务机构 320 家，占全市的 53%，从业人员 1.2 万人。2015 年，高新区被科技部批准为全国首批科技服务业试点。

表15-2 合肥高新区公共服务平台列表

服务类型	代表性机构
技术转移	安徽省科技成果转化服务中心、中科院合肥技术转移中心、中科大技术转移中心、合工大技术转移中心
创业孵化	大学科技园、民营科技园、高新创业园
研发设计	中科大先进技术研究院、合工大智能制造研究院、中科院合肥技术创新工程院、合肥集成电路设计服务中心、国家专用集成电路设计工程技术研究中心合肥分中心、循环经济工程研究院、安徽省应用技术研究院、动漫基地公共渲染平台
检验检测	国家家电检测中心、安徽省公共检测服务中心、微电子测试平台、安徽省信息安全测评中心、安徽省电子信息产品质量与可靠性公共服务平台
知识产权	知识产权法院、诚兴知识产权代理、天明专利事务所、汇众知识产权管理公司
科技中介	安徽省生产力促进中心、中技所合肥工作站

资料来源：赛迪智库整理，2018年1月。

第三节　存在问题

一、安全产业发展顶层规划仍待进行

我国安全产业园区各有特点，但难以形成合力，安全产业发展顶层规划缺乏的影响在合肥高新区的发展过程中有所体现。合肥高新区作为我国首批国家级安全产业示范园区和2016年综合排名第六的高新区，总体实力雄厚、对安全产业发展保障作用强。作为"为安全生产、防灾减灾、应急救援等安全保障活动提供专用技术、产品和服务"的产业，安全产业的发展价值除体现在作为经济增长点、拉动地区经济增长上，其对国家各产业的安全保障作用更加重要。合肥高新区安全产业发展态势位于国家各安全产业园区前列，但仍存在顶层设计不足、园区"吃不饱"的现象。当前园区发展形势良好，在大力招商引资、自主培育的情况下，安全产业龙头企业拥有的先进技术已达国际先进水平。在其他高新产业的协同发展作用下，园区安全产业囊括范围逐渐向安全产业的其他细分领域渗透。在此情况下，省、市、区安全产业规划势必将依照产业发展现状对安全产业发展方向和支撑措施进行调整，但在缺乏顶层规划的情况下，如何调整、发展方向是否与国家其他安全产业基地发展方向重合都属未知，从国家安全产业发展角度讲不利于人才、资金等资源的有效利用。不同产业园区重复进入同样的安全产业细分领域需要大量的时间和成本，会在整体上减慢安全产业的发展速度。

二、园区应主动发挥示范带头作用

合肥高新区公共产业园区作为目前我国发展状况最良好的几个安全产业园区之一，在推动地方经济发展、促进地方安全产业协同快速发展的同时，有能力借助安全产业全国布局，充分发挥园区的示范带头作用，通过外部联动带动各地安全产业园区协同式的共同发展。我国产业园区间交流普遍较少，先进园区的产业培养、人才培育与招募、园区管理经验难以推广至后进园区中，产业链上下游有所交叉的产业园区难以共享产业发展成果，国家级的产业合作网络难以形成。产业集群的外部联动，包括与其他园区的产业集群联动、与其他类型的产业集群联动以及与专业市场联动等。合肥高新区的示范作用，不但可以助力后进安全产业园区的发展，也可为发展其他产业的园区提供先进经验。同时，产业联动也有助于我国安全产业园区间的交流互通，按照产业园区建立时的特色分工形成安全产业网络，依照我国的安全保障需求，促进我国安全产业对工业生产、突发事件、公共安全的安全保障能力快速发展。合肥高新区安全产业集群通过外部联动发挥示范带头作用，不但需要国家的整体规划和政策指导，也需要园区依照自身安全产业发展需求，主动在我国各产业园区间寻找商机，以形成共同发展、促进发展的先进模式。

三、园区安全产业结构优化需持续进行

我国安全产业以低附加值产能为主，高附加值产能偏低，整体竞争力和经济带动能力有待提高，在此基础上，发展高附加值产能、提高企业收益能力应当成为示范园区发挥产业发展带头作用的必要方式。公共安全产业目前是合肥高新区的第二大产业，预期在 2020 年，产业规模将突破 600 亿元，还

需要数年发展才能完成成为合肥市第七个千亿产业的宏大目标。在推进安全产业快速发展的过程中，高新区应当保证产业发展质量，保障产业集群整体盈利能力，不能以牺牲产业竞争力为代价盲目扩大产业规模。以合肥高新区2017—2020年工业产值预期目标发展态势（见表15－3）为例，高新区产业集群规划的产值利润率呈逐年下降的趋势。产值利润率作为衡量对象盈利能力的重要指标，其下降趋势表明对象盈利能力的降低。为此，产业园区在制定产业规模指标时，需要考虑产值利润率的变化情况。一方面，在新兴企业创建、新兴技术研发投产后，前几年盈利能力一般但总体发展潜能大的情况普遍存在，具有在短期拉低产值利润率、长期提高产值利润率的总体趋势。产值利润率连年下降，意味着产业总体利润增长在带动后进企业发展的同时，难以保持产业整体的竞争力，对安全产业的长期培育十分不利。为此，优化产业结构，加强现有企业盈利能力，严格筛选、培育优质新进企业，在扩大安全产业规模的同时，保持园区产业生态健康和企业竞争力活跃将成为合肥安全产业园区今后发展的重要课题。

表15－3　合肥高新区2017—2020年工业产值目标

类别	目标值			
年份	2017	2018	2019	2020
利润（亿元）	310	390	490	600
税收（亿元）	42	51	62	75
产值利润率	13.5%	13.1%	12.7%	12.5%

资料来源：赛迪智库整理，2017年1月。

第十六章　济宁安全产业示范基地

为积极响应国家大力发展安全产业的号召，济宁高新技术产业开发区（以下简称济宁高新区）把安全产业的发展作为区内经济增长的新动能，着力推进以安全装备和安全服务为主导的安全产业快速发展。近年来，济宁高新区依托工程机械制造等老工业转型机遇，带动了巴斯夫、浩珂、科大机电、英特力光通信、激光研究所、广安科技等企业的安全产品和技术不断升级，为济宁高新区安全产业的创新发展奠定了一定基础。2017年1月5日，经工信部、国家安监总局的批准，济宁高新区成为继徐州、营口、合肥后，国内第四家国家安全产业示范园区创建单位。成功创建示范园区，不仅符合国家"科技兴安"和安全产业政策要求，对促进济宁市乃至山东省安全生产形势持续稳定更具有重要意义。

第一节　园区概况

济宁高新区地处济宁市区东部，创建于1992年，2010年经国务院批准升级为国家高新技术产业开发区，区内建有国家光电信息、生物技术、工程机械、纺织新材料等四大火炬产业基地，是国家科技服务体系建设和创新型产业集群建设工程试点单位，主要经济指标在全国146个国家高新区中排名前30位。近几年，惠普、甲骨文、华为、软通动力、文思海辉等知名IT企业集群落户，为推动地方经济转型升级发挥了重要作用。

在发展的同时，济宁高新区依托四大国家产业基地和山东省重要煤炭生产基地的优势，在工程抢险机械、应急通信装备和矿用安全产品等行业领域聚集了一批国内领先、示范引领性强劲的高新技术企业，为安全产业发展奠定了坚实的产业基础。目前，济宁高新区拥有安全产业相关企业40余家，产值近 100 亿元。山推推土机、小松挖掘机等工程机械产品在抗震救灾、抢险救援等工作中发挥了重要作用；辰欣药业在全国医药工业行业中排名第 47 位，在应急救援、疫情防治等方面贡献巨大；省科学院激光研究所在矿山安全领域实现了检测技术的重大突破；浩珂公司"隧道与地下工程重大突涌水灾害治理关键技术及工程应用"获得国家科技进步二等奖；英特力光通信、高科股份、科力光电、济宁能源等多个项目获批国家安全生产重大事故防治关键技术项目、山东省科技重大专项、山东省科技进步一等奖。

表 16-1 济宁高新区部分安全产业规模工业企业 2016 年主要经济指标

单位名称	主要产品	工业总产值（万元）
山推工程机械股份有限公司	推土机	426538.6
小松（山东）工程机械有限公司	挖掘机	153634.4
巴斯夫浩珂矿业化学（中国）有限公司	化学注浆材料	18400.1
浩珂科技有限公司	高强聚酯纤维网	49005.5
山东赛瓦特动力设备有限公司	应急发电机组	30861.9
济宁科力光电产业有限责任公司	光电保护装置	3243
山东广安车科科技股份有限公司	卫星定位系统	3087.1
济宁高科股份有限公司	矿灯	2142.5

资料来源：赛迪智库整理，2018 年 1 月。

2017 年 1 月，工信部和国家安监总局批准济宁高新区为"国家安全产业示范园区创建单位"，成为继徐州、营口、合肥之后全国第四家、山东省唯一一家获批单位，再次为高新区经济转型升级带来了重大战略机遇。2017 年 6 月，济宁市政府把高新区建设国家级安全产业示范园区上升为市级战略，把安全产业作为战略产业予以重点支持，在科技、人才、资金、土地指标等方面优先支持，并将安全产业纳入工业转型升级、振兴装备制造业、科技创新等优惠政策支持范围。2017 年 9 月，高新区开启"一区多园"改革，全面进入"三次创业"新阶段，成立了安全装备产业园管委会，配备人员 20 名，承担国家安全产业示范园区创建工作，实现了园区实体化运作，全面负责园区投资、规划、建设、招商和运营。

根据济宁高新区安全产业发展规划，济宁高新区确定了以深入实施大区域谋划、大产业构建、大集团引领、大项目推进的"四大战略"，以建设安全科技研发、安全科技成果转化、安全应急救援装备、安全生产物联网研发与应用、安全服务"五个基地"为目标，加快发展以安全应急工程装备和信息服务为特色的安全产业。力争到 2020 年形成若干安全产业集群，30 家以上创新研发平台，具备为周边 2 个以上省级行政区提供重特大事故所需挖掘机、推土机、应急通信产品等重要应急物资的保障能力，形成 10 个以上核心自主品牌并纳入到国家应急物资保障相关产品目录或数据库。建立适合济宁高新区实际情况的促进安全产业的体制机制和政策体系，有利于安全产业创新发展的体制机制初步形成，涵盖技术研发、人才集聚、信息交流、投融资平台、市场和生活服务等方面的产业服务体系基本建立，建成国家安全产业示范园区和国家应急产业示范基地。

济宁高新区紧紧抓住国家加快安全产业发展、实施制造强国战略、推进"互联网＋"行动及山东省打造西部经济隆起带的发展机遇，以经济社会发展对安全装备和服务的需求为导向，以科技创新、深化改革开放为动力，以增强安全产业创新能力为中心，以加快新一代信息技术与安全装备制造业、互联网技术与安全服务业的深度融合为主线，以推进智能安全应急装备制造和"互联网＋安全服务"为重点，充分发挥了济宁国家高新区的产业服务平台优势，拓展了应急救援装备研发制造能力，加快了矿山安全装备技术升级，增强了交通安全装备智能化水平，着力做大安全装备制造，做强安全信息服务，打造安全装备和安全服务双引擎，推动济宁市安全产业持续健康发展，形成了具有济宁特色的国家安全产业示范园区，力争将园区培育成全国一流的、具有巨大影响力的安全产业园区。

第二节　园区特色

一、产业发展涉及领域较全面

济宁高新区安全产业发展涉及的领域较为全面，共涉及四大领域：

应急救援。重点方向：以大型救援工程机械装备和应急通信技术为基础，在应急救援装备制造业中大量应用信息技术为主要发展方向，着力拓展工程抢险装备和应急通信保障装备两大领域，着重加强应急救援装备的专业化发展。重点发展：应急指挥调度车、预警通信指挥车、无人机、卫星应急通信系统、无线应急通信系统、机动光通信系统等应急通信装备和系统；推土机、挖掘机、道路机械、混凝土机械、装载机、起重机等工程抢险类应急装备，消防车、高空作业车、破拆机械等专用应急装备；突发公共卫生事件用防控药品和疫苗，院前急救物资等；智能环保电机组、移动电源车、水陆两栖破冰车、移动式水处理车等应急技术与装备。

矿山安全。重点方向：以矿山安全装备制造为基础，矿山物联网技术与装备为主要发展方向，重点提升矿山安全装备档次和技术水平，着重加强矿山安全装备的高端化发展。重点发展：煤矿安全用高分子化学注浆材料和注射用多功能注浆设备、高强聚酯纤维网、矿山安全支护设备、矿山安全输送设备、工业自动化安全监测监控设备、气体液体封堵技术与产品、防爆电机、防爆电器智能型综合保护特性试验台、矿用隔爆型排污排沙电泵、煤矿井下自动排水监控系统与装备、矿井运输提升辅助安全设备、工程机械电气自动化控制系统、本安型交流变频器和组合开关、隔爆兼本安型掘进机电控系统、煤机电控系统等安全技术与装备。

交通安全。重点方向：以北斗卫星定位技术和光电保护技术为基础、智能交通安全装备和轨道交通安全装备为主要发展方向，积极发展"互联网＋交通安全"的智能化产品体系，着重加强交通安全装备的智能化发展。重点发展：全球卫星定位系统、GIS 开发制作、汽车安全行驶记录仪、汽车安全监控系统、车辆安全导航系统、车辆主动安全技术、交通安全智能感知和调控系统、安全光栅、光电保护器、光电眼、危险区域防护用光电栅栏、电梯光幕、高强度土工格栅、聚酯格栅、玻纤格栅、隧道用高分子化学注浆材料等技术与装备。

安全服务。重点方向：以惠普等信息产业领军企业的强大实力为基础，以安全服务与信息技术产业的融合发展为主要方向，大力推动安全服务与互联网技术的融合，着重加强以信息技术为特色的安全服务业规模化发展。重点发展：安全软件服务、安全信息化服务、安全文化动漫制作与开发、安全生产云服务、安全生产大数据服务、安全宣教培训服务、安全技术与管理咨询、安全产品检测检验服务、安全产品与技术展示交易服务、安全投融资服务等安全服务。

表 16 - 2 济宁高新区安全产业部分代表企业

领域	企业名称	基本情况
应急救援	山推股份	全球建设机械制造商 50 强，推土机国内市场占有率达到 72%，无人驾驶推土机已经下线。
	小松系列	该企业群是国内最大液压挖掘机生产基地。
	山推机械	该企业群是国内重要的全系列叉车、多系列旋挖钻机、桩工机械生产基地。
	英特力	特种野战光缆、野战光通信系统、无人机升空平台、应急综合指挥车、无人驾驶汽车等多项产品填补国内空白，占部队通装的 85%。
	鲁抗集团	国内唯一拥有半合抗三大母核完整生产链的企业。
	辰欣药业	输液产销量居全国单厂第一，是全国医药工业百强企业、国内输液领军企业，拥有静脉营养大容量注射剂国家地方联合工程实验室。
矿山安全	浩珂矿业	中国最大的煤矿安全用非金属高分子材料开发制造服务商，在矿用非金属材料领域领衔制定 4 项国家标准，核心技术获国家科技进步二等奖，市场占有率达 80%。
	捷马矿山	生产五大系列锚杆产品、三大系列锚索产品、顶板桁架以及托盘、钢带等各种规格的产品 120 余种，母公司美国捷马公司是世界上最大的矿山顶板技术研发和产品制造公司。
	科大机电	自主开发和生产应用于散料输送设备的液粘传动装置、盘式可控制动装置、断带保护装置、液压自动张紧装置、高效低噪声托辊等十多项专利产品，获国家技术发明二等奖。
交通安全	山东省科学院激光研究所	发起成立了山东省煤矿安全光纤传感技术创新战略联盟，矿山安全光纤检测技术科研发平台获批创建国家安全生产科技支撑平台。
	济宁科力光电	国内光电保护装置技术的领航者，起草了光电保护装置国家标准，打造了国产光电保护装置的第一知名品牌——"双手"。
	山东广安电子	主要为中国汽车产业、汽车安防、智能交通产业提供优质的基于卫星定位应用技术开发的产品和解决方案，建立了北航—广安北斗卫星导航工程技术研究中心。

续表

领域	企业名称	基本情况
安全 服务	惠普基地	投资20亿美元布局软件人才实训基地、软件开发测试及IT资源服务中心、产品演示中心、惠普产业基地，软件测试中心已获批CMA资质，惠普软件产业国际创新园获得科技部认定。
	永安安全生产 科技研究院	拥有安全评价机构乙级资质，安全生产标准化评审单位二、三级资质，职业病危害因素检测认证资质。拥有安全生产事故隐患排查治理专家110余人，各类检测检验设备仪器230余台。
	国翔信息科技 有限公司	开发的"基于物联网的煤矿安全信息管理系统"被中国软件行业协会评选为中国优秀软件，已在国内200多家煤矿得到应用，市场占有率居国内前三名。

资料来源：赛迪智库整理，2018年1月。

二、创新的产业发展理念

在推动园区产业发展方面，济宁高新区逐步摆脱了土地资源、能源价格、财税政策等传统手段，形成了以人才、服务、环境为主的新的竞争优势。园区建立了针对专业型和技能型人才的培养计划，形成特色的人才集群与产业集群合力发展、协调互补的模式。凭借该模式成功引入了惠普国际软件人才及产业基地项目，并形成了惠普独有的"人才—产品—产业"的发展路线，助力惠普抓住世界先进产业转移机遇，实现了社会效益和经济效益双丰收。该项目的建设将吸引上下游配套、关联性软件开发和硬件生产类企业入驻，入驻企业将达到100家以上，推动上下游企业向惠普基地聚集，进而形成产品展示和生产基地。借助国家科技合作基地建设，惠普将为济宁高新区安全产业和信息产业的融合发展提供强劲动力。

在创新平台建设方面，济宁高新区建立了17个政府主导型公共技术服务平台，如国家级技术中心、国家级工程技术中心等，为企业孵化、人才培养、新兴产业培育提供了强有力支持。此外，高新区还建设了60多个政企合作型公共服务平台，如省级企业技术中心、省级工业设计中心等，为企业的信息咨询、产品研制、质量检测、标准认证等提供一体化服务。

三、健全的科技金融服务体系

科技金融服务体系是济宁高新区的一大特色。济宁高新区聚集了近百家银行、证券、担保、保险、基金等金融机构，设立了济宁市首家科技小贷公司，13 只创投、风投、天使基金规模突破 40 亿元。目前，济宁红桥科技创业投资基金、济宁海达信科技创业投资基金、济宁久有股权投资基金等 8 只基金已经开始投入使用，重点投资新能源、新材料、生物医药、医疗器械，信息技术和节能环保等产业领域。高新区积极运用孵化、资金投入等多种方式，同时实现政府、企业和资本需求的多重目标，健全了科技金融服务体系，促进各类金融资源的有效利用。

第三节　存在问题

一、产业体系有待完善

济宁高新区内安全产业总体规模较小，安全产业相关企业只有 40 余家，产值只有 100 亿元左右，年产值甚至小于主导产业一家企业的经济规模。从产业链角度看，安全产业现有企业主要集中在产业链的中游即生产制造环节，上游的研发、设计和下游的市场服务、售后服务等环节比较薄弱。从产业发展要素看，安全产业内的技术、人才等要素仍显单薄，高端要素缺乏，资本、市场等要素有待加强引导和拓展，各类产业要素有待加强整合。从产业结构看，主要集中在安全产品方面，安全服务业发展相对较弱。总体而言，围绕安全产业的产业体系有待进一步完善。

二、企业之间关联不强

济宁高新区内安全产业相关企业主要伴随装备制造、光电信息、生物医药、纺织新材料、现代服务业等五大主导产业的发展而来，尤其集中于装备制造产业，与光电信息、生物医药、现代服务业等产业相关的安全产业企业数量较少，相互之间缺乏关联。在安全产业企业相对集中的装备制造产业领域，安全产品主要是工程机械和矿用装备，除生产同类产品的企业之外，企业之间多数相互独立，产业链上下游关联性不明显。总体而言，济宁高新区安全产业相关企业之间关联较弱，不利于推动企业之间的竞争与合作。

三、科技支撑相对偏弱

技术是重要的产业要素，在我国经济新常态的背景下，技术和创新对安全产业发展的作用更加凸显。济宁高新区内拥有100余个高新技术企业，与多所高校和科研机构建立了合作，在济宁主导产业领域形成了一系列创新成果，在研发创新方面具有较好的科技基础。但针对安全产业，济宁高新区安全产业研发平台数量相对较少，缺乏在安全技术和创新方面具有优势的高校，相关科研院所数量较少，园区内的安全技术研发能力较弱，本地自有科技支撑相对薄弱。

企业篇

第十七章 杭州海康威视数字技术股份有限公司

杭州海康威视数字技术股份有限公司（以下简称"海康威视"），是一家以视频为核心的物联网解决方案提供商，服务范围包括大数据、安防产品以及可视化管理平台，业务涉及全球领域。海康威视以研发创新为企业立足之本，研发投入连年占企业销售额7%—8%，同时在国内设有五大研发中心。在2016年获得知名媒体A&S《安全自动化》"全球安防50强"首位的佳绩后，2017年蝉联第一。在人工智能与云计算发展的浪潮中，海康威视加速布局，基于云边融合的技术，以视频为核心来架构智能物联网，推出AI CLOUD，持续探索智能安防领域的新需求，依靠技术创新成为安全产业的领头企业。

第一节 总体发展情况

一、发展历程与现状

杭州海康威视数字技术股份有限公司自2001年11月创业至今，经过十几年艰苦经营，在2016年市值已达1453亿元，在公司原始投资的基础上价值增长29060倍。2017年10月，海康威视以3300亿元的市值登顶。公司秉承创新科技发展的经营理念，致力于不断提升视频处理技术和视频分析技术，面向全球客户提供优质的监控产品、技术及完整的安全服务，确保为客户持续创造最大价值，奠定了国内监控产品供应商的领先地位。

自创立以来，海康威视不断发展壮大，从一个来自中国电子科技集团公司第五十二研究所仅有 28 人的创业团队起步，发展到今天拥有 18000 多名员工的上市公司，从只有 500 万元注册资本的一家普通音视频压缩板卡公司，成长为一个坐拥百亿规模，技术产品涵盖视频监控、门禁、报警、平台软件等综合性的安防产品及完整优质的安全产品服务的行业龙头。海康威视以每年超过 40% 的营业额和年利润复合增长率迅猛发展，据权威市场调研机构 IHS 发布的报告，2017 年 6 月，海康威视占全球视频监控市场份额的 21.4%，至此连续六年位列全球第一。逾 1500 亿元市值的行业龙头企业不仅牢牢站稳中国市场巨头地位，而且雄霸世界。

海康威视在创业的道路上不断飞跃，作为全球视频监控数字化、网络化、高清智能化的重要推动者和开创者，一年一个飞跃，足迹可寻。在 2006 年，海康威视就已开启公司智能分析技术的研发；于 2012 年，率先提出了 iVM（智能可视化管理）新安防理念；2013 年，大胆提出 HDIY 理念，超前倡导定制高清；2014 年启动深度技术布局，正式成立海康威视研究院，致力于感知、智能分析、云存储、云计算及视频大数据等领域的科学研究，同年全力推出 4K 监控系统，激活 IP 高清可视化应用系统；2015 年，引爆 IP 大时代，促进 IP 的普及，同年斩获多目标跟踪技术 MOT Challenge 测评结果，以及车辆检测和车头方向评估算法在 KITTI 测评结果世界第一的称号；2016 年，海康威视预告 SDT 安防大数据时代的到来，站在安防变革的前沿，再次领跑行业提升和产业迅猛发展，同年在 PASCAL VOC 视觉识别竞赛中目标检测任务排名第一，并刷新世界纪录，超过第二名微软 4.1 个点，在 ImageNet 2016 场景分类任务中排名世界第一；2017 年，在 IC-DAR8 RobustReading 竞赛的"互联网图像文字""对焦自然场景文字""随拍自然场景文字"三项挑战的文字识别任务中，更是大幅超越国内外参赛团队获得冠军。

海康威视自 2007 年开始，投入巨大的精力和资金尝试经营自主品牌，通过 10 年的积累和沉淀，海康威视的自主品牌赢得了欧美等发达国家的认可，以运营为突破口，实现了海外市场的高速增长，自 2016 年收购英国老牌报警公司 Secure Holdings Limited，海康威视迈出了布局全球市场的重要一步。海康威视的海外版图不断扩张，从 2005 年在美国设立分公司开始，海康威视先后设立了 23 家海外分子公司，全球性营销体系初步成型，研发的产品远销

100 多个国家和地区，奠定了全球市场领先者的竞争地位。海康威视海外开疆辟土的十年，经历了国际化 1.0 "走出去" 到国际化 2.0 "本地化" 的艰辛过程，截至目前，海康威视陆续在全球 120 多个国家和地区注册商标，拥有海外自主品牌占有率 80% 之多。

二、生产经营情况

海康威视 2016 年度业绩快报显示，2016 年度海康威视实现营业总收入 320.17 亿元，比上一年增长 26.69%；全年实现营业利润 68.58 亿元，与上年相比增长了 24.84%；全年实现利润总额 83.40 亿元，同比增长 23.56%；全年实现归属于上市公司股东的净利润 74.14 亿元，比上一年增长 26.32%。2017 年，海康威视上半年财务报告显示，实现营业总收入 164.48 亿元，相比上一年同期增长了 31.02%；创新业务增长最快，同比增长 161%；海外收入快于国内，增长 38%。

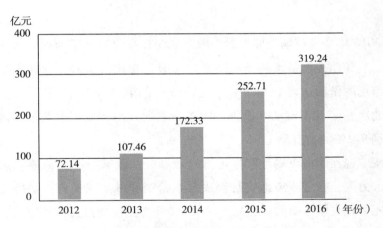

图 17 - 1　2012—2016 年海康威视年营业收入

资料来源：海康威视，2018 年 1 月。

《中国安防行业 "十二五"（2011—2015 年）发展规划》显示，"十三五" 期间中国安防行业市场规模预计将从 2015 年的近 5000 亿元增长到 2020 年的 8759 亿元，年增长率在 11% 以上。以此来看，2016 年仅海康威视的营业收入已占据全行业约 6.4% 的份额。

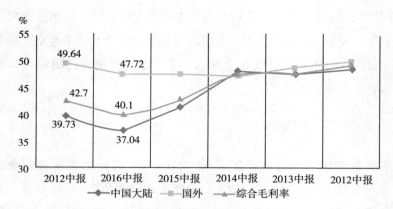

图 17 – 2　海康威视国内外毛利率和综合毛利率

资料来源：海康威视，2018 年 1 月。

第二节　主营业务情况

从 2016 年全球市场份额来看，海康威视在行业中处于前列，市场份额继续提升。视频监控设备市场发展迅猛，海康威视凭借实力在全球网络视频监控设备市场的份额达到了 18.9%，同 2015 年的第二名相比，提升了 5.9 个百分点。此次在 EMEA 市场（欧洲、中东、非洲）海康威视荣获第二名，拥有整体市场 9.2% 的占有率。

海康威视在国内市场继续推进"行业细分、区域下沉"策略，加大对用户端投入力度，行之有效地实行解决方案营销和顾问式销售；坚持围绕用户需求，完善提高服务能力，建立和完善更加贴近用户的营销网络和服务体系。继续畅通国内渠道，通过不断推进产品标准化和市场透明化策略，争取优秀的渠道合作伙伴加盟，通过加大销售监管力度，使渠道市场更加规范，形成行业有序竞争和健康发展的利好局面。

海康威视在海外市场收购了英国报警公司 SHL 及其旗下 Pyronix 品牌，使报警业务产品线得到补充，以便获取更多销售渠道。公司陆续在哈萨克斯坦、哥伦比亚、土耳其新设 3 家子公司，又在泰国、印尼、迪拜新设 3 家办事处，海外市场不断扩张，分支机构新增至 28 家，使海外销售网络进一步完善，销售本土化和技术支持与服务本土化策略得到更好的贯彻实施,海外公司从SMB 市场向项目市场纵深发展。

表 17 - 1　2017 年上半年视频产品及视频服务行业市场销售现状与区域销售占比情况

2017 年 6 月 30 日	主营 构成	主营 收入（元）	收入 比例	主营成本 （元）	成本 比例	主营 利润（元）	利润 比例	毛利率 （%）
按行业 分类	视频产品 及视频服务	164.48 亿	100.00%	94.21 亿	100.00%	70.27 亿	100.00%	42.72%
按产品 分类	前端 产品	84.72 亿	51.51%	43.31 亿	45.97%	41.41 亿	58.93%	48.88%
	后端 产品	25.82 亿	15.70%	13.18 亿	13.99%	12.64 亿	17.99%	48.95%
	其他	22.01 亿	13.38%	18.05 亿	19.16%	3.96 亿	5.63%	17.97%
	中心控制 产品	18.93 亿	11.51%	10.36 亿	11.00%	8.58 亿	12.20%	45.29%
	创新 业务	6.14 亿	3.73%	4.13 亿	4.38%	2.01 亿	2.86%	32.72%
	工程 施工	4.29 亿	2.61%	3.88 亿	4.12%	4118.02 万	0.59%	9.60%
	其他 （补充）	2.57 亿	1.56%	1.30 亿	1.38%	1.27 亿	1.81%	49.42%
按地 区分类	国内	114.79 亿	69.79%	69.18 亿	73.44%	45.61 亿	64.90%	39.73%
	国外	49.69 亿	30.21%	25.02 亿	26.56%	24.66 亿	35.10%	49.64%

资料来源:海康威视,2018 年 1 月。

第三节　企业发展战略

一、创新驱动,激励人才

海康威视在智能安防应用领域始终处于领跑地位,除了对市场发展趋势敏锐的洞察和精准的前瞻性,更主要得益于站在技术研发前沿强大的创新精英，得益于始终坚持的自主创新是一切工作核心的原则，海康威视现有 18000 多名员工，专业人员有 14000 人，而从事科技研发的科研人员就有 8000 人以上，每年公司科技创新投入一直占销售收入的 8% 左右，2017 年上半年研发投入已达 14 亿元，占销售收入比重 8.84%。

建立激励机制。为有效激发员工创新潜力、留住人才，2016 年海康威视内部正式启动了《核心员工跟投创新业务管理办法》，使一大批核心员工和技术骨干成为与公司利益共享、风险共担的"合伙人"，将员工切身利益与公司整体利益紧密捆绑在一起。除此之外，公司还设有特别贡献奖、技术创新奖、关键岗位人才培育等 20 多项奖励项目。激励机制的建立，可以全方位地促进公司人才的成长、能力的提高和创新活力的迸发。

表 17 – 2　海康威视研发费用

	2017 年上半年	2016 年上半年	2015 年上半年	2014 年上半年
研发投入（亿元）	14.54	9.68	7.55	5.68
同比增长（%）	50	28.6	32.99	62.61
占收入比例（%）	8.8	7.7	7.7	9.4

资料来源：海康威视，2018 年 1 月。

二、市场导向，完善服务

海康威视一贯秉承"产品的质量是企业的生命"这一宗旨，始终将为广大客户提供优质过硬的安防产品和服务，持续为客户创造最大价值作为一切工作的重中之重，正是这种坚持，海康威视才赢得了市场。"可靠性优先"的原则就是海康威视市场发展的生命，这条被视为生命的原则贯穿市场调研、科学考量，建立了一整套行之有效的质量保障控制体系。为确保公司产品始终站在品质高端，产品一旦推向市场都要按照 ISO9001：2000 质量管理体系，通过严格的科学测试，方能流向市场。只有通过 UL、FCC、CE、CCC、C – tick 等测试认证之后的产品，才能获准投放市场。

"以市场为导向"是海康威视成长壮大的制胜法宝之一。三级垂直服务体系的建立、本地化服务等一系列举措的有效实施，极大地缩短了产品端与客户的距离。2016 年，海康威视继续完善并大力推进"行业垂直到底、业务横向到边"的业务发展策略，为客户不断提出有针对性的解决方案，提升公司销售市场的竞争力。随着用户对视频应用大量需求和期望值加大，促使传统安防厂商在单一安防产品的基础上集成更多的功能、大量应用场景，同时产品又加注了安防和业务管理的目的，安防行业的边界越来越模糊，行业间的协作势在必行。为了使全球客户能够得到全方位的服务，海康威视创建了为客户贴心服务的电子化流程，公司为了很好地贯彻服务"家庭安全"与"企业安全"的理念，在 notes 平台建立了流向市场的产品所涉及的各个职能部门的全电子化流程，使客户随时通过这个平台对相关产品进行咨询，提出要求，并会第一时间得到满意解答和及时处理。

三、放眼长远，加速布局

安全防护行业经过 30 多年的发展，步入了转型期，开启了智慧安防时代。传统意义的安防企业已不能满足现代经济发展的需要，拥抱"互联网＋"，跨界与多个行业的融合已是安防企业发展的必然趋势。云存储、数据可视化、智能分析等新兴领域早已成为海康威视下一个扩张的"风口"。

海康威视从 2014 年起，瞄准新领域，开始下一轮布局，同年 8 月，海康威视携手乐视网，建立了战略合作伙伴关系，拟在云服务、智能硬件、视频等方面深入合作；同年 9 月，海康威视牵手阿里云，开启了物联网与互联网融合模式。2016 年初，凭借在图像传感、人工智能等领域的常年技术积累和自主创新的实力，海康威视又大力推出"阡陌"智能仓储系统，由机器人开启"货到人"这一颠覆传统仓储的新型作业模式。同年又推出了 AI 产品，又陆续发布了"深眸"摄像机、"超脑"NVR、"脸谱"人脸分析服务器等系列产品。公司产品不断推陈出新，星光＋、黑光、鹰眼等高端产品陆续问世。同年 6 月，海康威视以大手笔 1.5 亿元的注册资金成立杭州海康汽车技术有限公司，在杭州滨江区落户，致力于车用电子产品及软件、汽车电子零部件、智能车载信息系统等业务，海康威视宣告正式进军汽车电子行业市场。

第十八章　徐州工程机械集团有限公司

徐工集团是中国最大的工程机械开发、制造和出口企业，是全球矿业装备行业的重要参与者，市场认知度和品牌价值较高。围绕着"成为全球信赖、具有独特价值创造力的世界级企业"愿景，秉承着创新、挑战、担当、融合的品牌精神，2017年徐工集团营业收入接近千亿元世界级目标，达到951亿元，始终保持着行业首位。徐工集团坚持创新驱动和"走出去"战略，深耕工程机械主业，积极参与国际市场竞争，打造产品全生命周期的智能服务和产业链协同实力，是行业内唯一同时获得"智能制造试点示范"和"工业互联网应用试点示范"两项荣誉的企业。

第一节　总体发展情况

徐工集团成立于1943年，自1957年开始涉足工程机械产业以来，始终保持中国工程机械行业排头兵的地位，2017年底总资产达920亿元，职工24000余人，位居世界工程机械行业第7位，连续28年位居中国工程机械行业第1位，中国机械工业百强第2位，中国500强企业第353位，中国制造业500强第81位，是中国工程机械行业产品品种与系列最齐全、规模最大、最具竞争力和影响力的大型企业集团，也是唯一跻身世界工程机械行业前10强的中国企业。2017年12月，习近平总书记深入徐工集团考察调研，充分肯定徐工的成功经验和业绩，并勉励徐工集团要着眼世界前沿，努力探索创新发展的好模式、好经验，勇当中国产业发展、制造业发展和实体经济发展排头兵，为国家"两个一百年"奋斗目标作出新的贡献。

技术创新是徐工在全球市场制胜的重要砝码。徐工各项主要指标多年保持中国工程机械行业第1位，对全球工业机械行业革新也产生重要影响。其中，百米级亚洲最高的高空消防车、12吨级中国最大的大型装载机、第四代智能路面施工设备、四千吨级履带式起重机等都是代表中国乃至全球先进水平的产品。目前，在技术创新上徐工集团拥有有效授权专利5669项，其中授权发明专利1088项，PCT国际专利申请60件，其中20件取得国外授权。

全球产业链转移背景下，徐工集团注重开发海外市场，积极实施"走出去"战略，在北美和欧洲投资建立了全球研发中心，在巴西投资建设辐射南美的制造基地，在"一带一路"沿线国家和地区投资设立了合资公司，并于2018年初开始运营位于肯尼亚首都内罗毕的第一个直营区域备件中心。在全球市场建设中，逐步形成涵盖2000余个服务终端、5000余名营销服务人员、6000余名技术专家的高效网络，产品销售网络覆盖178个国家及地区。为了给用户提供全方位、一站式、一体化的服务，徐工集团在全球建立了134个海外服务及备件中心，拥有120家一级经销商、134家海外服务备件中心、58家海外分子公司和办事处和8大制造基地。2017年，徐工集团年出口额近10亿美元，同比涨幅近90%，出口总额和增幅均超越同行。在亚非拉市场，徐工已实现了对国际品牌的超越；在"一带一路"沿线，徐工销售额占比达72%，产品已覆盖沿线57个国家，其中在30个国家出口占比率第一；在欧美高端市场，实现向美国批量出口压路机、挖掘机，并与美国租赁大客户签订6.5亿美元订单；在印度、巴西等新兴市场占据先发优势。目前，徐工集团大吨位压路机、汽车起重机销量居全球首位。9类主机、3类关键基础零部件市场占有率居国内第1位；5类主机出口量和出口总额持续位居国内行业第1名。

在"千亿元、国际化、世界级"战略愿景的指引下，徐工集团先后获得过行业唯一的中国工业领域最高奖——"中国工业大奖"和"全国五一劳动奖状""国家科学技术进步奖""国家技术中心成就奖""第十四届全国质量奖"，以及国家首批、江苏省首个"国家技术创新示范企业""全国先进基层党组织"和"装备中国功勋企业"等荣誉。徐工以创新、变革推动企业发展，在高端化、成套化、智能化、大型化上不断进取，已成为全球工程机械产业产品线最长、品类最全的制造商。

2017年，徐工集团按照"一二三三四四"战略指导思想体系，围绕转型升级主线，按照有质量、有规模、有效益、可持续的"三有一可"发展理念，全面提升企业资产质量、盈利能力和核心竞争力，年主营收入、出口收入、利润同比大幅增长。2017 年底，徐工机械融资 41.56 亿元定增引进战略投资者项目获中国证监会审核通过，为公司新一轮增长提供动力支持。

第二节 主营业务情况

徐工集团从传统单一的兵工、农用设备发展至今，已拥有工程起重机械、挖掘机械、铲土运输机械、桩工机械、矿用工程机械、混凝土机械、汽车及专用车机械、道路机械、消防应急机械、环卫机械等 14 大门类产品。徐工集团提供各类具备世界级技术水平的重大装备，有效保障了重大工程施工安全、国家消防安全、国家国防安全和国家应急救援安全。矿用机械、挖掘机械、道路机械、消防机械是徐工集团安全产品集中的领域。

作为中国安全产业协会矿山分会的常务理事单位，徐工大型矿山挖掘机、装载机市场占有率均居国产品牌第一位。按照"机械化换人、自动化减人"要求研发的煤炭掘进机、大吨位矿山机械及盾构等装备为国家矿山及地下空间施工安全提供保障。非爆悬臂掘进机、凿岩台车、远程控制挖掘机等产品，在提高工程作业质量和操作者的安全系数效果显著。采用超大参数技术的 XZJ5318JQJZ5 桥梁检测车可满足大中型桥梁的检测、养护、维修施工需求，保障国家道路桥梁安全。

2016 年成立的徐工消防安全装备有限公司，专业从事各类消防车、举高类消防车、专勤类消防车、保障类消防车、升降工作平台及其配套件的研发、生产制造、销售、租赁、维修和技术服务等。代表性产品包括 CDZ 53 米登高平台消防车、88 米登高平台消防车、臂架式高空作业平台、抢险救援消防车等。2018 年初，总投资近 25 亿元的徐工消防安全装备有限公司制造产业基地奠基，作为全新消防与高空作业装备基地，建成达产后将形成年产消防车等各类产品 16000 台生产能力。

徐工集团牵头承担或参与了多项国家级科技研发项目，包括"高机动多功能应急救援车辆关键技术研究与应用示范"国家重点研发计划项目、"面向突发事件的应急机器人研究开发与应用"国家"863 计划"重点项目等。研制出模块化的灾害救援机器人，可完成灾害现场爬坡、越障、涉水等作业任务，具备钻孔、破碎、挖掘、起重等多种功能，突破了通用大型机械在复杂灾害现场救援无力的限制。

表 18-1　徐工集团财务情况

	营业收入情况		净利润情况	
	营业收入（亿元）	增长率（%）	净利润（亿元）	增长率（%）
2015	739	-8.5	1.1	-89.1
2016	771	4.3	1.8	72.1
2017	951	23.4	8.2	350.4

资料来源：徐工集团企业年报，2018 年 1 月。

第三节　企业发展战略

一、突出打造强大战略板块

将工程机械主业打造成营业收入过千亿的强大核心板块，重卡、环境产业和露天矿业设备板块打造成规模过百亿的三大新百亿支柱板块，培育投资、物流、消防装备产业等成为新的利润增长点。各战略板块都按照"三有一可"理念推动高质量地发展，形成新的效益支撑与成长贡献。利用"互联网+"拓展业态空间，探索工程科技，为全球工程建设和可持续发展提供解决方案，加速成为全球信赖的工程装备解决方案服务商。

二、两化深度融合推动产业跃升

以企业两化深度融合为发展主线，以大数据、云计算、物联网等信息技术应用为重点突破口，形成企业核心竞争力，将徐工智能制造打造为行业新标杆。尽快构建全球化协同研发和众创创新体系，与业内巨头合作打造行业首个全球开放共享的工业云平台，支撑企业营销决策和经营管控，抢占工业互联网制高点。围绕《徐工集团智能制造实施方案（2017—2020）》，"一硬一软一网一平台"四轮驱动，重点聚焦设备互联互通、数字化研发、MES优化提升、中央集控指挥中心、数字化车间建设。

三、持续投入推进创新驱动

徐工集团坚持"三高一大"的产品战略和"技术领先、用不毁"金标准，以技术进步和科技创新支撑公司转型升级，摆脱产业内中低端、同质化和粗放发展的束缚，努力走一条中高端发展的创新之路。在持续强投入推进创新驱动基础上全速前进，争取啃下工程机械领域最后10%的技术难题。注重专有技术、核心技术、共性技术的深度研究转变，聚力实现动力传动、结构优化、智能控制、施工应用和液压传动五大专业方向关键核心技术的突破创新。加快徐州、美国、巴西、德国四大研发中心建设，引领突破行业"空心化"瓶颈，打造徐工的黄金产业链。全面突破高端主机创新，重点突破军民融合，做强军工产业。加快智能制造布局实施，用三年时间把徐工打造成一个智能化企业。

四、全面布局开拓全球化事业

2017年，初徐工集团启动"海外服务备件体系再提升计划"，旨在通过建设自有服务备件中心、加大对经销商服务备件支持等举措，加大对海外服务备件的投入力度，以肯尼亚区域备件中心为样板，进一步完善在亚太、中东、中亚、欧洲、美洲等区域备件总库、区域备件中心、自建备件网点及经销商备件库的三级备件供应体系，为全球的经销商和客户提供更为快捷和便利的服务。下一步徐工将围绕全面国际化，用三年打造一个新徐工，努力实现三年内将国际化收入由现在的30%提升到50%以上的战略目标，全面突破全球高端市场，打造高素质、专业化的国际化人才队伍；深入推进海外基础布局与KD工厂扎根，推进全球优势企业的兼并收购，加快世界级品牌的成长进程。精心打造具有全球竞争力的世界一流企业，2020年进入全球工程机械前五强，2025年跻身全球行业前三强。构筑"全球协作、区域支撑、项目驱动"的产业格局，立足全球联动，建立高度约化、智能化、协同化的精益制造管理体系，满足国际化、世界级发展需求。

五、培养企业文化凝聚高端人才

培育打造世界智慧群体与高技能工匠、党员劳模人物、优秀企业家四大徐工精英群体，企业家与干部要成为职工心中的偶像和专业领域表率；重点抓实"强班子、带队伍、育人才、重关爱、筑文化"五大党建工程；聚焦"技术领先、用不毁"行动金标准，搭建学习研修平台，畅通成长、成才通道，持续打造高技能人才成长良性生态；弘扬"担大任、行大道、成大器"的共同价值观，激励每一名职工向着珠峰登顶目标奋力冲刺。

第十九章　威特龙消防安全集团股份公司

第一节　总体发展情况

一、企业概况

威特龙消防安全集团股份公司位于成都市高新技术开发区，是国家火炬计划重点高新技术企业和全军装备承制单位，"主动防护、本质安全"技术的引领者，面向全球客户提供各行业消防安全整体解决方案。

威特龙坚持技术创新和差异化发展，搭建及参与了"消防与应急救援国家工程实验室""省级企业技术中心""四川省工业消防安全工程技术研究中心""油气消防四川省重点实验室"等科研平台的建设，先后承担了"白酒厂防火防爆技术研究""大型石油储罐主动安全防护系统""天然气输气场站安全防护系统""公共交通车辆消防安全防护系统""西藏文物古建筑灭火及装备研究""风力发电机组消防安全研究"中国二重全球最大八万吨大型模锻压机消防研究、超高层建筑灭火技术及装备研究、镁质胶凝防火材料无氯化研究、防消一体化智能卫星消防站等国家能源安全、公共安全和文物安全领域的十余项重大科研项目，形成了油气防爆抑爆技术、白酒防火防爆技术、煤粉仓惰化灭火技术、高压细水雾灭火技术、大空间长距离惰性气体灭火技术、绿色保温防火材料和消防物联网平台等成套核心前沿技术体系。公司共获得国家专利248项，其中发明专利41项；国家科技进步二等奖1项、省部级科技进步奖9项；参与制修订国家、行业和地方标准27部，引领了消防行业"主动防护、本质安全"技术的发展。

公司拥有国家住建部颁发的"消防设施工程设计与施工壹级"资质，形成了消防设备、消防电子、防火建材、解决方案、消防工程和消防服务六大业务板块并且大力拓展防火型装配式建筑、新型高压喷雾消防车和消防物联网；在全国布局了20余家分子公司，形成了全国性的营销网络和服务体系；威特龙系列消防产品和合沐佳系列防火建材远销俄罗斯、印尼、印度、巴基斯坦、土耳其等20余个国家和地区；为国内石油、石化等行业提供消防安全整体解决方案，成为中石油、中石化、中海油等企业的重要合作伙伴，持续为社会消防安全创造最大价值。

威特龙作为中国安全产业协会消防行业分会理事长单位，秉承"服务消防、尽责社会"的企业宗旨，通过不断创新和技术改造，为我国消防安全产业的发展注入新活力。

二、财年收入

表 19 - 1　威特龙 2015—2017 财年收入情况

	营业收入情况		净利润情况	
	营业收入（万元）	增长率（%）	净利润（万元）	增长率（%）
2015	32759.80	6.15	3877.68	-8.36
2016	24886.94	-24.03	999.85	-77.22
2017（未经审计）	30500.00	22.55	1650.00	65.02

资料来源：威特龙财务报表，2018 年 1 月。

第二节　主营业务情况

公司主营业务为自动灭火系统、电气火灾监控系统、行业安全装备的研发制造、消防设备销售、消防工程总承包施工及消防技术服务，能为不同行业提供项目规划、设计咨询、系统方案、项目管理、工程技术与实施、维护保养等全方位消防安全整体解决方案。

2015 年、2016 年及 2017 年，公司主营业务收入占营业收入比重分别为

99.97%、99.29%和99.26%，公司主营业务突出。

表19–2　2015年、2016年及2017年公司主营业务收入情况

	2017年度（未经审计）		2016年度		2015年度	
	金额（万元）	占比（%）	金额（万元）	占比（%）	金额（万元）	占比（%）
主营业务收入	30274.00	99.26	24710.27	99.29	32752.21	99.97
其他业务收入	226.00	0.74	176.67	0.71	7.59	0.03
合计	30500.00	100.00	24886.94	100.00	32759.80	100.00

资料来源：威特龙财务报表，2018年1月。

表19–3　财务收入中消防设备销售收入和消防工程总承包施工收入具体情况

	2017年度（未经审计）		2016年度		2015年度	
	金额（万元）	占比（%）	金额（万元）	占比（%）	金额（万元）	占比（%）
消防产品	18605.00	61.00	15636.46	62.83	21248.01	64.86
消防工程施工	11895.00	39.00	9250.48	37.17	11511.79	35.14
合计	30500.00	100.00	24886.94	100.00	32759.80	100.00

资料来源：威特龙财务报表，2018年1月。

第三节　企业发展战略

从2009年成立至今，公司始终坚持着创新引领、精益管理，不断推出新产品占领国内国际市场，发展至今，逐渐形成了"集团化、行业化、国际化、产业化"的战略，助力公司打造民族消防品牌，主营业务涵盖了消防安全产品及装备、消防工程总承包、技术服务、运营安全管理等全方位解决方案。公司经营战略主要表现在以下几个方面。

一、集团化：以专业经营和创新能力建设助推公司发展

公司始终坚持以市场需求为导向，从最初的先进消防产品、装备、系统

及材料的研发生产，逐渐扩展到工程总承、技术服务的全方位消防安全整体解决方案的提供，实现了消防行业的全覆盖，同时通过整合消防生产企业、消防协会、技术服务企业等完成了全国行业内的整合。在管理方面，公司有效整合了人力、物力、财力等资源，实现集中管理，以母公司为纽带，通过合资、合作或股权投资等方式建立了合沐佳成都新材料有限公司、北京分公司等 20 多家子公司，并将全国划分为 7 个营销大区进行管理，逐步实现市场、交付以及服务 3 个属地化管理。在技术研发方面，公司始终重视前瞻性研究，新产品开发及工艺改进等方面均处于国内领先地位，获批国家级"高新技术型企业""国家火炬计划重点高新技术企业"等。

二、行业化：拓展多行业业务，实现多角度盈利

目前公司已经构建了公共交通、航天航空、石油石化、公共建筑、通信、国防等十余个行业的整体消防解决方案，形成了油气防爆抑爆、高压细水雾灭火、城市交通隧道火灾蔓延高效抑制等核心前沿技术。未来将在文物古建筑行业、清洁能源行业、公共交通行业、智慧消防行业中实现新业务的突破，扩大利润增值空间。尤其是在我国经济发展进入新常态后，公司将消防产业和"互联网＋"深度融合，正在全力研发和完善工业火灾报警系统、自动灭火系统等智慧消防产品，满足未来社会和市场发展的需求升级。

三、国际化：推进国际化业务，积极"走出去"开辟新市场

2015 年，"一带一路"建设正式实施，众多企业积极开拓国际业务，将海外市场看作企业转型的重要支撑。威特龙也借助这一契机，在巩固和提升国内市场地位的同时，大力拓展海外市场。部分产品取得了欧盟 CE 认证和美国 FM 认证，为公司占领国际市场奠定了良好基础。目前，公司已建立国际事业部，加快推行公司国际化发展，生产的产品已经远销几十个国家和地区，得到了顾客的广泛好评，其品牌形象和顾客依赖度不断提高。

四、产业化：实现常规产品和新产品的全面产业化

公司非常注重产品的产业化，加速研发成果落地。公司目前的 6 个大类，

52 个种类，共 150 个规格型号的产品全部实现了产业化运作，形成了比较完善产品体系，促使公司成为全国消防领域产品品种最多、配套能力最强的企业之一，达到了加速消防技术成果转化，全面布局消防安全产业，实现全产业链整合的目的。此外，公司通过金融及资本的力量，形成常规产品规模化、行业安全装备产业化、防火材料规模化、新产品前沿化的生产能力。

第二十章　山推工程机械股份有限公司

第一节　总体发展情况

　　山推工程机械股份有限公司最初是由济宁机器厂、通用机械厂和动力机械厂组建而成，成立于1980年，于1997年1月在深交所挂牌上市。山推工程机械股份有限公司目前拥有5家控股子公司和3家参股子公司，总占地面积100多万平方米。公司坚持以新科技、新技术引领企业发展，多次获得山东省制造业信息化示范企业、山东省企业文化建设示范单位等荣誉，曾被评为中国机械工业效益百强企业、国家"一级"安全质量标准化企业。

　　山推是国有股份制上市公司，在中国制造业500强中位居第347位，入围了全球建设机械制造商50强，列38位，是集研发、生产、销售工程机械系列主机产品及关键零部件于一体的国家大型一类骨干企业，主要产品包括铲土运输机械、路面压实机械、建筑机械、工程起重机械等。国内已形成山推的七大产业基地，包括山推国际事业园，山推武汉、泰安、抚顺、济南、崇文、新疆等不同规模的产业园，总占地面积超过3900亩，山推拥有国家级技术中心、山东省工程技术研究中心和博士后科研工作站等行业研发中心，利用创新平台的发展，保障了产品质量不断提升，研发水平也在国内同行业领先，并具有与全球先进机械制造商竞争的能力。山推各类产品和装备的年生产能力在国内机械行业首屈一指，达到1.5万台推土机、7000台道路机械、5000台混凝土机械、18万条履带总成、16万台液力变矩器、5万台变速箱、140万件工程机械。中国工程机械行业协会统计数据显示，2017年中国工程机械行业国内销售各类型推土机4060台，同比增长26.7%，山推国内累计销售推土机近2900台，较同期有近50%的增长，市场占有率超过70%。

山推在 2013 年被教育部授予博士后科研工作站，拥有同济山推工程机械研究院、山东省工程机械工程技术研究中心、山东省工业设计中心等科研机构，并逐步建立了独立完整的科研创新体系，长期努力提升企业技术标准、信息化研发生产能力和整机验证水平，研发平台的发展为山推产业高端化、进军国际市场奠定了坚实的基础。山推全系列产品自主研发的专利达 850 余项，转化应用率高达 70% 以上。山推产品在全国各地机械、矿山等行业发挥作用，并销往海外 150 多个国家和地区。目前，山推形成了较为健全的销售维保体系，全国建有山推专营店 26 家，营销网点 150 个。山推已开始进军全球市场，发展 71 家海外代理商，形成生产销售的网络体系，并在 2017 年开展针对欧美地区机械标准的新产品开发和技术攻关。

山推通过了 ISO9001 质量认证、ISO14000 环境体系认证、CE 认证等，长期保障了山推产品和装备的质量，出口产品居同行业首位，而且出口产品获得国外机械大奖，拥有良好的声誉，已经成为中国机械制造行业的标兵。山推多次参与抢险救灾，在深圳特大滑坡事故后推土机、装载机等机械凭借稳定高效的工作能力出色完成救援任务，排除隐患、清除道路，为救援赢得了宝贵的时间。山推的救援队伍和设备的有效输出挽救了受灾地区群众生命，在财产转移和安置工作中发挥重要作用，抢险救援的系列装备也得到了行业专家的肯定。

第二节　主营业务情况

自 20 世纪 80 年代初，山推引进小松 D 系列产品技术及 KES 标准和生产工艺，历经 30 年发展，逐步形成了山推特有的产品体系，山推工程股份有限公司的安全产品和装备共计 110 余个规格型号，主要有 5 个种类。

山推系列推土机产品理念是"推陈出新路行天下"，经过了国外引入、国内消化的过程而自成一体，主要用于机场、道路、矿山、堤坝、铁路等作业环境。山推系列推土机产品根据马力不同共分 12 个档次，功率又从 80 马力到 420 马力不同分级，可根据前工作装置（铲刀）类型、后工作装置类型、发动机、行走装置（四轮一带）等不同配置为客户和需求定制。山推近年来不断与国内大型机械制造商合作，并在发动机等关键技术引入新机型，从而在新产品研发中取得领先。

山推道路、压实机械系列，综合国内外大吨位机械驱动振动压路机开发的产品，用于矿山、道路、堤坝、铁路和其他作业场地的压实作业。山推压实机械克服了国内大吨位机械不可靠的缺点，各个系统匹配合理，结构简单，性能更加稳定，主要包括机械式单钢轮振动压路机、全液压单钢轮振动压路机、静碾式、双钢轮和轮胎压路机。山推压路机吨位从 4 吨到 33 吨分多个档次，具有优异的压实性能、稳定的工作效率、简便的操作流程，压路机采用进口液压系统，稳定性和可靠性在运行中得到保证，另外压路机驾驶室具有良好的视野，同时配置人性化的操作系统，全面提高操作舒适性，具备压实度测量仪的机械可实现对压实过程监控和检测。

山推系列装载机根据作业需要分 3 个等级，滑移装载机和挖掘装载机搭配大功率发动机，动力强劲扭矩储备大，依靠强大的挖掘力和驱动力提高工作效率。产品有标准型、煤炭型、岩石型等配置，以适应各种工况，满足广大用户使用要求，同时有抓木机、抓草机、装煤斗、高卸载等多种工作装置供用户选择。

山推建友机械股份有限公司是国内最早生产混凝土搅拌设备的企业，主营混凝土搅拌站、干混砂浆站、沥青站、搅拌运输车和各类搅拌主机等产品。山推楚天工程机械有限公司作为山推子公司，国内混凝土机械行业名列前茅，主营混凝土臂架式泵车、拖式泵、搅拌运输车、车载泵和搅拌楼（站），可提供成熟可靠的混凝土设备和完善的施工解决方案。

山推目前已开发形成登高平台消防车、举高喷射消防车、泡沫、水罐消防车、抢险救援消防车、高空作业车、桥梁检测车等六大系列 30 多个规格的产品。产品广泛应用于部队、消防、航空航天、石油化工、水利电力、造船、市政路灯、园林和建筑等行业和部门。产品能够适应环境和客户需求，荣获 4 个国家级重点新产品奖和多项省、部级科技进步奖。

表 20－1 山推消防作业车型号与特点

型号	类型	特点
JP60	举高喷射消防车	60 米的额定工作高度，360 度无限制旋转，智能化安全控制系统，具有一键制展收车功能，操作方便快捷
PM50H	泡沫/水罐消防车	时速可达 95km/h，罐体可装载 1000L 泡沫，4000L 水
SG30	水罐消防车	农村消防专用车
DG54	登高平台消防车	进口火场监视系统，智能化安全控制系统，工作平台具有超载报警功能、安全性好

资料来源：赛迪智库整理，2017 年 11 月。

第二十一章　中安安产控股有限公司

第一节　总体发展情况

一、企业概况

中安安产控股有限公司是经工信部、国家安监总局同意，由工信部赛迪研究院、国家安监总局安科院、国家商业网点中心、中国安全产业协会共同发起设立的一家国有控股公司，于2014年10月29日登记成立，公司依托科技创新，实现信息化、产业化、市场化、金融化深度融合，提升改造智能安全产业，推出风险评估、研发生产、融资配送、培训实训等服务，是以安全与应急产业投资服务为主导，集研发、生产、投资、服务于一体的大型投资集团公司。

中安安产控股有限公司专门致力于推进安全产业及公用事业发展，以资源、资本为管控核心，开发对接整合资源，设计规划吸纳资本，同时按照广义全面预算（战略量化预算管理、业务量化预算管理、人力量化预算管理及财务全面预算管理等）严格管理项下业务板块投资决策及法务合规程序。其人员组成精干精简，除特殊岗位外，均可由专业平台选调，力求管理扁平高效。控股公司不涉及具体业务，仅以投资人身份对业务平台进行参/控股，并遵循现代企业公司治理原则对项下业务平台进行管控。建立决策机制，以决策控制程序为准，依据全面预算综合判断，以各业务平台为主体，独立经营。以此保持控股公司的高层面及单纯性，最大限度发挥国有控股平台的标志性资源。

同时，在相关部委及金融机构的产业政策支持下，中安安产控股有限公司根据产业发展规律和社会需求，依托市场化运作模式，本着对安全产业的深刻理解，联合国内各行业领先的大型央企、国企深入开展合作，共同推动安全产业发展。

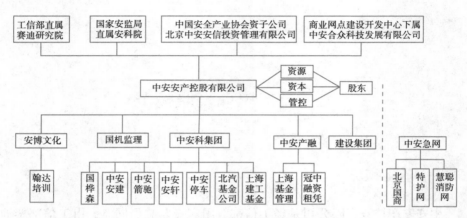

图 21－1　中安安产控股有限公司架构

二、营业收入

表 21－1　中安安产近三年财务指标

	营业收入		净利润情况	
	营业收入（亿元）	增长率（%）	净利润（万元）	增长率（%）
2015	4.70		8365.92	
2016	5.06	7.66	8392.23	0.31
2017	5.39	6.52	8643.00	2.99

资料来源：中安安产财务报表，2018年2月。

第二节　主营业务情况

安全产业绝非仅以安全为单一项的产业，安全存在于各行业及专业领域，安全产业的发展必依托于各行业及专业领域的发展。

中安安产控股有限公司通过下设"四大板块（集团）＋互联网"开展主

营业务。

（1）科技板块（集团）：秉承"科产融合，安行天下"的企业文化理念，依托国家级平台资源，从事安全科技产品研发、制造、推广、服务等业务，并形成了一定规模。其中生命防护栏工程立足重庆，辐射云、贵、川、藏等西南部地区；智能立体停车场通过城市总包、风景区项目以点带面，辐射全国；本质安全的橇装加油站遍布农村；与中国建科院合作二代光伏光热一体化、智能井盖市政等项目正在推进；推广安全科技产品、服务安全产业基地。

（2）建设板块（集团）：以绿色环保节能减排的新型智能化建设为发展目标，致力于全国安全（应急）产业基地建设，并通过云南红河州扶贫等示范项目，打造中安品牌康养营地，推广建设智能立体停车楼、被动式房屋、碲化镉二代光伏薄膜建筑构件及光热一体化工程、钢结构镶嵌 ASA 板装配式住宅建筑体系等新兴能源与绿色环保建筑等。

（3）投资板块（集团）：打造中安股权投资、安全产业发展基金，港资控股的融资租赁公司，通过股权债权投资、内保外贷、直租回租、接债等方式，优化资产结构，为产业发展提供强有力的资金保障。

（4）培训板块：依托中国安全产业协会的专业性指导、安博教育集团成熟的教育模式和国际性资源，标准化入手，弘扬安全文化，建立教育培训实训体系，线上科普和线下场馆实训相结合，搭建体验式营销一体化平台；由中国安全产业协会、新华网等主办，中安安博公司承办安全行业和产品会展、论坛；为地方城市提供安全评估、咨询和解决方案，免费评估，收费咨询。

（5）互联网＋安全产业：利用中安急网信息技术有限公司的互联网、物联网、大数据、云计算等新一代信息技术手段，并与中国网库集团、慧聪、颐高、淘金时代、中智汇等知名互联网公司深度合作，建设运营国内第一个"互联网＋安全应急产业"互联网服务平台——安交网，打造首个安全要素交易平台，引导和投资安全应急创新示范项目的建设。

各平台板块在业务方面互相支持，通力合作，利用专业优势，最大限度整合专项资源。同时各平台以独立法人公司合作模式为准，业务清晰划分，独立经营，各自成章，责任明晰。以此确保业务独立完整，并最大限度可控风险。

第三节　企业发展战略

中安安产控股有限公司立志敢为天下先，闯出一条适合我国国情、解决我国安全领域普遍问题的创新发展之路，推动安全产业的全面的供给侧改革和本质安全进程，力争实现"保安全、促增长"的战略目标。

在这样的背景、高度、基础之上和缜密大胆富于开拓精神的设计理念指导之下，中安安产控股有限公司逐步形成了涵盖安全产业所有动静态要素的企业集团格局和产业集群实体。

中安控股集团于 2017 年制定了"24816 生态发展战略"，即 2 个上市公司、4 大集团、8 大业务、16 亿元净资产，具体内容如下：

（一）筹备 2 个公司上市

以 IPO、新三板、上市并购重组等资本运作方式，全面推进防护栏、停车场公司快速发展。现中安控下属中安安轩公司已启动上市战略规划调整，相关程序也正在有条不紊地推进，力争在 2018 年完成上市工作。

（二）形成 4 大集团

（1）投资集团：以"算得过账、融得到资、走得了路"为原则，发起基金、融资租赁、发债、信托、保理等投行业务；

（2）建设集团：以安全新材料、工程为主营业务，通过项目管理、工程以及安全新材料的制造、销售获取收益；

（3）科技集团：安全科技项目投资、管理及推广；

（4）培训集团：安全场馆，线上线下。

（三）开展 8 大业务

（1）防护栏

中安安轩安全产业发展有限公司是中国安全产业协会道路交通安全分会副理事长会员单位，具有"公路交通工程（公路安全设施）专业承包二级资质""全国安防工程壹级专业资质"、重庆"市安防工程叁级从业资质"，拥有 14 项具有核心知识产权和独占性专利，已通过全国高新技术企业认定管理工作领导小组办公室"全国高新技术企业"审查认定，专业从事防护栏"生命工程"建设，积极推进和创新防护栏"生命工程"投融资业务模式。目前公司正积极与西藏天海集团合资，联合经营西藏相关项目；与中冶建工集团合作建设云南蒙自公路及防护栏生命工程。同时，转变经营模式，严格按照国家 PPP 政策要求，参与纳雍、凤冈等重大项目的投标及谈判，继续与中交合资生产新安标防护栏、拓展标识标牌业务、千方百计开拓新疆市场、按上市公司要求和标准规范经营管理，公司呈现良好的发展态势。

（2）停车场

中安安产智能停车服务有限公司作为行业新秀，大胆创新，开启智慧城市、智慧旅游、智慧停车之先河，打造全国第一家集（智能）停车场（楼、库）专业集成生产、设计、投资、建设、监理、运营、维保、服务于一体的专业技术领先国有控股企业。2018 年内计划完成重庆渝北区城市总包碧津公园及新增点位、北碚区及主城区、四川成都小南街、稻城亚丁香格里拉、西藏拉萨天海等项目；启动重庆南岸区城市总包、北碚区金刀峡景区、都江堰旅游服务中心、泸沽湖环湖全域交通 P＋R、四川自贡医院、昆明长水国际机场停车楼改扩建、南京溧水区城市总包、云南蒙自城市总包等项目，同时着力于解决各地静态交通问题，完善城市、景区交通系统，助推智慧城市、智慧景区建设。

为全方位覆盖智能停车产业，建立停车产业的生态产业链，携手北京起重运输机械设计研究院全资控股公司"北京科正平机电设备检验所"共同打造全国唯一具备智能停车设备监理资质的权威公司——北京中安国机停车设备检测有限公司。同时，已与行内知名专家共同成立中安产智能动静态交通技术研究院（北京）有限公司，并已启动在合川建立停车设备集成基地。中安停车将继续依托协会、分会及中安控集团组建成立停车产业中运营、维保、集成生产基地等专业服务公司，走生态之路拓展对外业务，并全方位与央企、上市公司携手合作。

同时，为更好地对停车产业进行投资并拓展企业规模。中安停车公司及其相关单位将与上海建工、北京汽车集团共同合作，发起大规模基金致力于智能停车场建设，以帮助政府解决动静态交通问题。

（3）加油站

中安安博新能源发展有限公司致力于发展集汽车智能充电、阻隔防爆橇装式加油于一体的安全环保新能源项目。根据国家安监总局、国家质监总局、建设部、交通部等四部委及省市"关于推广应用阻隔防爆橇装式加油装置"有关文件和会议精神，为缓解城乡偏远地区加油站点少、加油难等问题，并为交运中心、物流园区零公里加油和大型企业等有特殊需求的客户提供解决方案。目前已获得重庆市区县乡镇加油站建设规划指标8个，并继续全力争取重庆市及西南地区"十三五"加油站规划指标。坚持以"利益与责任同在，安全与质量共存"的企业发展理念，在全市和西南地区范围内，广泛收集加油站点信息资源，积极开展成品油零售业务，形成销售网络，按照"统一品牌，统一标准，统一运营，统一监管"的经营模式打造中安产石化品牌，促进加油网点布局持续健康发展。

（4）光伏（组件、构件、光热一体化）

中安箭驰新能源发展有限公司，与中国建科院、杭州龙焱公司合作，落实项目选址，引入央企合作投资组件工厂化解风险，致力于碲化镉薄膜光伏建筑构件的生产及光伏建筑一体化包括光伏建筑（BAPV）和光伏幕墙（BIPV）的推广及其他光伏领域产品的应用，同时运用融资租赁手段解决资金难题，先期制造建筑构件并取得知识产权，控股引进世界领先技术、国内成功的第一条碲化镉薄膜光伏组件规模生产线。

（5）装配式及被动式房屋

建设集团应国家住建部要求，全力开展装配式房屋建造工作；同时打造中安品牌被动式建筑，实现绿色、环保、经济、舒适、健康的居住环境。全力推进扶贫示范，使农民买得起房子；加快巴南中安营地开发、西部安全谷建设；选址宜宾建设基地，辐射西南。

（6）安全新材料及工程

中安控股公司将收购相关公司并取得工程资质，承接停车场、加油站建设及装修工程，同时兴办西南（宜宾）轻型墙板工厂及装配式、被动式房屋基地、新安标脚手架基地、建设巴南（调规）、蒙自中安健康营地，取得二代光伏应用项目知识产权，推广建筑构件示范工程，启动智慧安全城市建设项目。

（7）基地建设

完成亦庄科技产品展示入驻，开设合川安全大卖场旗舰店，加快巴南中安营地开发、西部安全谷建设、宜宾石城山中安健康营地建设，启动云南应急产业基地建设。

（8）互联网＋安全产业

中安急网信息技术有限公司通过参股慧聪民安网，共同打造我国安全应急产业的第一个细分垂直行业电子商务平台——中国消防网。在安科院的指导下，建设特种劳动保护认证产品的推广应用电子商务平台——特护网，建设规范专业的特种劳动防护互联网交易市场，促进劳动保护产业的升级换代，全力保护劳动者的生命和健康安全。在合川、亦庄、马鞍山、云南、西部安全谷等地与颐高、淘金、中智汇合作建立安全连锁卖场；同时创建脚手架租赁网、食品安全网——舌安网、网络安全产业学院，并提供互联网金融服务。

（四）16 亿元净资产

中安安产控股公司通过短短两年时间，业务快速发展，取得了令人瞩目成绩，2018 年净资产总计将达到 16 亿元。

（五）团队建设

按投融资公司架构配置人力资源；研修高管班，强制培训投融资；引进专业公司及团队服务外包；增加效益工资入伙、期权，三级公司要求鼓励管理层持股；弘扬以安全文化为核心的中安产企业文化，即：社会和百姓的安全是我们的义务；提供人性化、智能化服务是我们的责任；科技兴安、产业强安、投入保安是我们百年不变的宗旨。

（六）资金保障

通过融资租赁、产业基金、发债等传统金融和投行业务，与央企新兴集团、北汽集团、中技集团、中冶集团、中科集团及上海建工集团合作及引进其他战略合作伙伴，同时申请地方政府扶贫资金等多种手段，作为资金保障方式。

（七）三种策略并举

项目策略：中安科各专业公司对应开展各项目工作；平台策略：形成区

域投融资分中心；生态策略：全面引入新兴、北汽、中技、中冶建工、上海建工等央企集团及政府平台，整合资源、开放合作。坚持"三不投原则"：一是争取政府回购项目，没有政府平台合作不投；二是没有央企等有实力的合作伙伴不投；三是不符合项目标准不投。坚持"算得过账、融得到资、走得了路"的原则。

（八）管理模式

中安安产控股有限公司按照安全投资公司基本经营模式设立"前台"业务各专业公司、"后台"投融资集团管理系统。各平台专业公司为项目投资建设及融资主体，建立投融资中心（中安产融）、依托各区域投融资平台拓展并实施投融资业务。在国有控股的基础上混合所有制、全面实施合伙经营机制，推行生态合作模式，根据利益取向，建立员工、承包、项目合作、股权合作等模式。

仅仅两年的时间里，一个立足万亿安全产业、涵盖全产业链的百亿级综合性产业集团格局已然形成。

第二十二章　万基泰科工集团

第一节　总体发展情况

一、企业简介

万基泰科工集团，是一家以城市公共安全为核心，致力于为"平安中国、智慧城市"提供整体解决方案的集成商。集团以大数据、云计算和移动互联网技术为基础，整合城市公共安全技术和人才资源，在信息化顶层设计、城市公共安全大数据平台、城市安全大情报等领域提供从方案咨询、战略规划、产品研发、系统部署到工程实施的一体化解决方案和服务。集团旗下有万基泰智能科技研究院、旭日大地科技发展（北京）有限公司、重庆市荣冠科技有限公司、万基泰科工集团西南科技有限公司、万基泰科工集团（四川）有限公司、万基泰智能科技研究院西南分院等子公司，并融合了金融、矿业、贸易等多领域业务于一体，多领域布局，在业内具有很高的知名度。

集团拥有智能科技研究院及多家国家高新技术企业，设有研究生实习基地及博士后工作室，和重点高校合作培养博士生。集团建有完善的产品测试中心和中试生产线，能够快速实现科研成果的推广转化。

集团独立自主研发的城市安全保障智能卫士系统有效集成了地下、地面和低空安防感知手段，是目前城市公共安全感知融合立体防范理念的率先践行者。集团创新性提出的城市公共安全大数据解析中心是城市大脑在公共安全领域的专业化引擎，具备行业应用的前瞻性。目前集团已承担了国家多项智慧城市示范工程项目，研发了城市公共安全智能综合管理平台等多个产品，并在全国多个地方实际应用，主编了《下水道及化粪池气体监测技术要求》（GB/T 28888—2012）等多个国家标准与行业标准。

集团牵头成立"城市公共安全保障与应急处置产业联盟"，汇聚业内优质资源，推进行业示范应用，以泸州为示范基地，以"产学研用一体化"促进科研成果转化，共建高科技园区，助力地方经济转型升级，受到工信部、科技部、住建部等国家部委高度关注和赞许。

继习近平总书记在 2017 年 3 月 5 日指出"城市管理应该像绣花一样精细"，城市创新管理已经成为地方政府的重要工作目标。尤其是伴随着新型城镇化建设进程的加快，城市安全管理日益成为城市管理工作的重中之重。中国城市公共安全事件频发、影响逐步扩大，城市公共安全管理面临前所未有的严峻挑战。如何改变现有城市工作中安全管理领域条块分割、数据封闭、应用孤立，以大一统、大数据、大服务的全新视角审视城市公共安全保障体系，这绝不仅仅是技术手段的简单堆砌，更是一个系统发展、融合创新的科学理念问题。万基泰科工集团作为一家民营高科技企业，在城市公共安全保障方面做了大量的有益探索和规模推广应用，取得了明显的社会效益和经济效益，其首创提出的"地下""地面""低空"三张安全网的城市安全立体化防范理念，可谓是城市安全管理领域的集成创新之举，城市安全管理理念的新变革，伴随着党的十九大的东风，徐徐而来的是城市安全管理、社会创新管理的新气象。

二、财年收入

表 22 - 1　万基泰科工集团 2014—2016 年财务指标

	营业收入情况		净利润情况	
	营业收入（亿元）	增长率（%）	净利润（万元）	增长率（%）
2014	0.8	33	1600	33
2015	1.1	37.5	2200	37.5
2016	1.6	45.45	3000	36.36

资料来源：万基泰科工财务报表，2018 年 2 月。

第二节　主营业务情况

　　集团首创提出的城市立体化防范理念，通过统一构建的城市安全保障智能卫士网络，有效地解决城市地下空间安全和地面人员、车辆的综合融合感知，通过射频感知、视频分析、人证核验、WIFI嗅探、低空侦测等多种先进物联网感知手段的集合，在最新的 IPv6 架构和 NB－IOT 标准框架下，通过多种最新技术、最新平台的示范应用，充分发挥信息安全领域后发优势，立足打造城市公共安全行业的国家级应用示范基地，并构建具有鲜明行业特色的城市公共安全大数据智慧解析中心，利用物联网和云计算技术切实服务民生，打造全国范围内最具实战意义的城市公共安全智能综合管理平台。

　　集团重点业务领域分为七大板块：

1. 城市地下危爆气体实施监测与智能处置平台
2. 危化品车辆监控与应急联动系统
3. 智慧市政综合管理系统
4. 城市智慧管廊安全技术及综合管理系统
5. 城市立体化防控平台（人证合一综合管控，人车证合一综合管理）
6. 雪亮工程建设（城市安全保障智能卫士系统）
7. 城市公共安全大数据智能解析中心

　　集团先后承担了"城镇地下管线安全智能处置系统""地下管网及化粪池毒害、易燃、易爆多气体安全监控智能处置系统"等数十项国家安监总局、科技部、住建部的项目与课题，荣获全国第五届安全生产成果三等奖、全国第六届安全生产成果奖等数十项国家和地方奖励，取得了安防工程从业资质，获得了 ISO9001 质量管理体系认证和 ISO14001 环境管理体系认证，拥有近百项知识产权和专利技术，产生了巨大的社会效益与经济效益。

　　集团积极响应党中央、国务院《关于推进城市安全发展的意见》的指示精神，积极对接雄安新区城市安全管理顶层规划设计，通过"一体两翼三联动"战略布局，以一体化城市安全立体化防范技术信息产业链促生高新信息产业聚合效应，以实体产业经济、科创转化基地为两翼建设信息高地，对接首都科创力量转移。集团充分利用集成创新的催化拉动作用及国家工程的示范引领作用，强化内耦和外联，促进技术与市场、产品与需求、资本与行业间的高效联动共振，以"三联动"提升高新技术孵化、集成创新应用为内禀的新经济形态。

另外，集团着眼于国家安全反恐的战略态势，积极响应新疆城市公共安全保障重大战略需求，通过多种最新技术、最新平台的示范应用，充分发挥信息安全领域后发优势，将集中全集团优势资源和行业发展最新技术打造新疆在城市公共安全行业的国家级应用示范。

第三节　企业发展战略

集团以"平安中国、智慧城市"为业务的主要发展方向，以"三域两平台、两网一中心"的总体建设内容，立体覆盖城市安全地下、地面、低空安全领域，全面打造城市安全智能管控平台，体现"技术唯一性、权威性与引导性"，填补了国内城市安全智能综合管理领域示范应用空白。集团全面提升我国城市安全水平，努力成为"互联网＋"时代城市安全智能服务整体解决方案提供商。

集团核心业务聚焦城市公共安全领域，以人员综合管控和城市立体安全为关注领域，以人为本，积极探索应用智慧物联网最新技术成果，物联天下，网聚人和，谱写城市公共安全新篇章。集团在城市管网安全智能监测产品开发方面居于国际领先地位，在地下危爆气体实时监控预警领域拥有众多自主知识产权成果。经过多年技术积累，集团研发领域覆盖地下、地面、低空安全，形成了理念先进的"三维六度"城市立体空间安全保障体系。

集团立足于有所为有所不为的战略定位，集中资源做好核心主营业务，从大平台大服务的角度建设了城市安全智能综合管理平台，涉及三张安全网建设、城市公共安全大数据解析服务、人员身份综合管理、雪亮工程、城市公共安全智脑等业务系统应用，夯实了城市立体化防范的应用框架，为行业内各技术领域一流企业提供了统一的应用商店式的服务框架和集成展示平台，以整体融合创新集成的高效科技服务为核心竞争力，为政府提供一揽子优质资源汇聚融合和产业驱动规划。

在战略产品开发方面，集团积极汲取物联网智慧感知、边缘计算和人工智能的最新理念，积极投入集团优势资源聚焦推进城市安全保障智能卫士的自主研发。该产品是万基泰科工集团根据中央综治办"雪亮工程"战略需求，切实研究城市安全智慧物联网发展趋势后进行顶层规划设计的战略性产品，能够满足前端智慧采集、后端智能联网的立体化防范需求，是保障城市安全的创新产品，可以实现地下风险、地面风险和低空风险的全面防范，覆盖度高。智能卫士前端由地下管网安全监控智能处置设备箱及数据传输链路（地下风险防范）、广角水平半球型摄像机、全息动态补光高速球型摄像机、微型卡口摄像机、数字拾音器、双向可视报警按钮、爆闪警示灯（地面安全防范）以及无人机低空侦察中继平台（低空安全防范）等构成。

这种新型智能物联网节点，覆盖地下空间危爆气体监测预警、地面安防态势集成感知处置、低空监测、无人机中继等立体保障技术手段，符合城市视频监控联网数据共享和深度应用需求方向，得到国家相关部委科技管理和装备部门的高度认可，市场空间广阔。智能卫士系统平台，除实时互动报警平台提供常规管理功能外，搭载了多源实时信息采集及智能分析功能模块，如：动态人脸识别、动态车牌识别、车辆结构化语义描述及大数据可视化应用等，是多源感知技术的高度智慧集成，在公共区域智慧应急管理系统应用中发挥重大作用，是推进城市安全发展的基础保障产品。

第二十三章　中防通用电信技术有限公司

第一节　总体发展情况

中防通用电信技术有限公司，是国内专业应用物联网技术提供"安全""健康"运营服务的高新技术企业，是中国安全产业协会常务理事单位和物联网分会发起单位。

集团公司以"为人类安全护航""为人类健康护航"为企业愿景，经过10年的产业布局，集团已在安全物联网领域形成比较完整的产业链布局，主要面向全球提供领先的传感器产品、专业的安全产业物联网解决方案与内容服务。此外，旗下还拥有以"服务军工、关注细节"的北京特域科技有限公司、专业从事电能质量第三方咨询服务的北京中电联合电能质量技术中心，集科研、医疗、保健于一体的中国中医远程医疗中心有限公司，专攻能源品质监测的中防通用能源监测有限公司，以及提供安全技术防范、安全防护、安防监控、城市公共安全、城市远程消防等服务的中防通用河北保安服务有限公司。

集团公司产业布局面向全球，国内除北京总部外，先后在河北怀安、湖北武汉、湖南长沙、山东济南、四川成都建立子公司，在天津、陕西西安、河南郑州、内蒙古包头、辽宁沈阳等地设立办事处；国外在以色列建有研发中心，在美国、意大利、马来西亚、印度尼西亚分别设有办事处。具有全球战略眼光，是集团未来发展的主流，也是迅速占领安全产业市场、实现技术升级改造的有效手段。

第二节 主营业务情况

中防通用电信技术有限公司在 2017 年，抓住河北省张家口市双试点城市（全国安全发展示范城市、全国标本兼职遏制重特大事故试点城市）建设的契机，与国家安监总局研究中心和张家口市安监局进行全面深入的战略合作，在安全风险电子地图、危险化学品运输监测、重大危险源监测等领域取得重大突破。

一、闭环的城市公共安全监测系统平台建设背景

联合国在 2016 年宣布了《变革我们的世界：2030 年可持续发展议程》，包括 17 个可持续发展目标，其中第 11 个目标为"建设包容、安全、有抵御灾害能力和可持续的城市和人类住区"。美国由城市应急管理部门建立了 30 多家城市风险评估机构，明确城市的主要风险类型，开展巨灾场景模拟，绘制城市灾害风险分布图，绘制疏散撤离路线图，作为联邦、州、地方制定减灾应急规划的依据。欧盟对高危行业企业和公共场所进行风险评估，进行五级风险管理（欧盟级、国家级、大区级、省级和企业级）。

2015 年 8 月 15 日，习近平总书记针对天津港"8·12"瑞海公司危险品仓库特别重大火灾爆炸事故，就安全生产工作作出重要批示：要坚决落实安全生产责任制，真正做到党政同责、一岗双责、失职追责；要切实加大安全监管执法力度，有效化解各类安全生产风险。《安全生产"十三五"规划》提出：实施城市安全风险源普查，开展城市安全风险评估。

张家口市作为一个双试点城市，再结合国内外的安全生产管控的形势，一直在摸索如何将城市公共安全监控形成一个有宏观把握、有具体管控、有应急调度的闭环管控系统，中防通用电信技术有限公司结合张家口市的需求和自身技术优势，与国家安监总局研究中心和张家口市安监局共同研发出一套闭环管理系统。

二、安全风险电子地图

安全风险电子地图具有适用范围广、分级管控，针对性较强、可依据具体的隐患排查标准、四色图形象直观、持续改进的优点。当然也存在以下缺点：风险、隐患目前没有分级标准，如果企业已经建立别的体系，两者衔接存在一定困难。

安全风险电子地图是通过信息化的方式，实现监管对象的形象化、可视化、具体化，提高监管效能。突出重大风险、重大隐患、重大危险源等安全监督的重点对象，让相关监管部门知道安全监督工作的重心在哪里。为政府安全生产监管提供决策服务、为政府事故应急救援提供决策服务、对企业安全状态进行警示。

首先辨识、分析城市安全风险源，例如：

1. 危险化学品企业（含民爆器材）事故风险分析

2. 交通（含轨道交通）事故风险分析

3. 消防（含森林防火）事故风险分析

4. 城市生命线（给水、排水、燃气、供热、电力、电信、工业及其他）事故风险分析

5. 人员密集场所（商业零售、餐饮、星级饭店、体育运动场馆、文化娱乐场所）事故风险分析

6. 建筑工程事故风险分析

7. 矿山（煤矿、非煤）事故风险分析

8. 特种设备事故风险分析

9. 其他工贸（粉尘爆炸）事故风险

10. 新兴领域（垃圾填埋场、渣土受纳场）事故风险

结合张家口市风险源的实际情况，对以上风险源一一进行排查分析，依据风险评级标准进行评级工作。

$$R = F\ (P,\ C)$$

其中：R——风险；

P——事故的发生可能性；

C——事故的严重程度。

通过事故的可能性、事故后果的严重性、风险控制能力评估、风险矩阵建立及级别鉴定四个方面综合评定后，确定风险级别。

三、危化品运输监控

中防通用电信技术有限公司针对目前危化品行业的现状，充分利用成熟的信息化手段，借助"互联网＋"、云计算、大数据等技术，拟研发一套危化品全过程信息监管平台，对危险化学品生产、储存、运输、经营、使用、销毁等全过程安全风险进行在线监测、分析和预警，实现"闭环管理、专项整治、综合评级、应急处置"一体化。危化品全过程信息监管平台包括：危化品静态过程信息在线监测预警系统、危化品运输车辆在线监测预警系统。

危化品静态过程信息在线监测预警系统功能是针对危化品生产、使用、存储、销毁企业安全问题，设计建设的一套涵盖了智能视频、周界防范、出入口人车管理、安全用电、消防监控、避雷监控、污水处理、废气处理、电梯安全、环境监控、防漏测漏等一系列监控的综合性管理系统，将所有数据信息融合汇总至一个平台。通过研发智能通信监控终端，实现跨行业、跨领域，实时采集各类传感器监测数据，并通过移动网络、互联网、专网等网络桥梁，将数据信息按照分类、分级标准上传至区县、市、省、国家等各级数据中心，供平台调用。结合全安全风险评估分级和事故隐患排查分级标准体系，危化品静态过程信息在线监测预警系统的研发、建设，将有助于完善整个安全隐患实时监管、分级管控和闭环管理，做到安全信息无遗漏、无盲区。

危化品运输车辆在线监测预警系统能从根源出发，对全国范围内危化品运输车辆、运载货物、运输路线、承运企业、托运企业、接收单位等信息进行全程实时在线监控，涵盖的信息包括：车辆动态、位置、速度、海拔、倾斜、驾驶员信息、运线起止、规划线路、禁行管控、超速控制、入境控制、货物特性、企业登记追踪等，系统将物联网车载技术、无线通信技术、GIS 地理信息技术和云计算技术深度融合为一体，对全境危险品运输车辆安检、登记、跟踪、定位、危险预警。系统能对行政管辖区域内和过境运输车辆进行同时实时监控，时刻掌握全境危险车辆所有动态和静态信息，并利用专家数据库制定各种应急预案，在发生安全事故时，结合事故点周边的资源情况，快速科学地应急救援。系统设计时充分考虑到区域限制、信息共享程度低、运营通信费用高、无综合化专用标准体系、应急救援属地责任制等问题，以云计算为支撑，参照国家相关条例，统一规划设计，全产业链条考虑各个环节的技术和运营问题，最终将实现全国危化品运输车辆实时监控一张大网。

通过 1 个子平台（危化品全过程信息监管平台），2 套系统（危化品静态过程信息在线监测预警系统和危化品运输车辆在线监测预警系统），3 种产品（智能通信监控终端设备、智能车载监控终端设备、综合智能监控通信柜）实现危化品全面监控。

四、重大危险源监测（以本安型光纤监测系列产品在矿山的应用为例说明）

目前，在矿山安全在线监测方面还是以光电式传感器为主，而受现场环境的制约，传感器的寿命和在线率并不乐观。鉴于此，中防通用电信技术公司组织科研攻关团队，长期从事本安型光纤监测系列产品的研发。光纤传感器系列产品具有本质安全、免维护、寿命长、传输距离远、实时在线监测、精准预警定位、能适应各种恶劣环境、施工安装便捷等诸多优点。公司研发攻关的光纤系列产品包括：1. 基于光纤传感技术对甲烷、一氧化碳、氨气、氧气等气体浓度的在线监测预警产品；2. 基于光纤传感技术分布式在线温度监测预警产品；3. 基于光纤传感技术分布式在线振动监测预警产品；4. 基于光纤传感技术分布式在线音频监测预警产品。

基于光纤传感技术对甲烷、一氧化碳、氨气、氧气等气体浓度的在线监测预警产品，采用可调谐二极管激光光谱技术，可以为客户解决长距离大范围内可燃气体，有毒气体泄漏的长期监控问题，该系统本质安全，单套系统最大容量 64 个探测点，探测面积广，集中度高，可远距离探测（主机与传感器可相距 10km 以上），多种气体在线探测，时时自检，灵敏度高，安装及维护简单等技术优势目前居世界前列。该产品可使用于各类条件恶劣的情况下，如垃圾掩埋场，地下天然气测漏，隧道气体检测，医药化工，煤炭矿山气体检测，大气污染监测等行业。

基于光纤传感技术分布式在线温度监测预警产品，由分布式光纤测温主机和线性多模感温光缆组成。分布式光纤测温主机内部封装光器件、激光器、数据处理等部分组成，主要用于整个系统的参数配置、信号采集、信号分析和分析结果输出等功能。多模感温光缆作为线型传感器，一根光缆可实现40km在线温度监测，通过分析光缆内不同位置上的光散射信号得到相应的温度信息，实现高精度温度监测（精度1℃）和定位（精度1米）。利用温度变化的在线监测原理，产品可广泛使用在输油输气管道泄漏探测（液化气管道发生泄漏，液体变为气体吸收热量，周围温度降低；石油管道为便于运输，通常要给原油加温使其保证良好的黏稠度，当发生泄漏或盗取事故时，周围土壤温度升高）；油罐、电力线缆全线温度探测；油井温度监测（温度、压力、流量是测井的三大重要参数，温度的正确测量在油气开采过程中，对合理注水、注气具有重要指导意义）。

基于光纤传感技术分布式在线振动监测预警产品，是利用激光、光纤传感和光通信等高科技技术，采用光时域反射技术（OTDR），可对长达40km范围进行监测，能对事件精确定位，定位精度可达±10米，可长期应用于潮湿、腐蚀、水下等多种恶劣环境中。采用光学相干专利技术，可使系统探测不受季节、昼夜环境变化影响。雨雪风霜也不会造成系统误报；前端无源设备使用寿命≥20年，可广泛应用于周界监控防护、石油管线放破坏、矿山井下应急救援定位等。产品利用单根光纤（光缆）作为传感传输二合一的器件，通过对直接触及光纤（缆）或通过承载物，如覆土、铁丝网、围栏、管道等，传递给光纤（缆）的各种扰动，进行持续和实时的监控。采集扰动数据，经过后端分析处理和智能识别，判断出不同的外部干扰类型，如攀爬铁丝网、按压、禁行区域的奔跑或行走，以及可能威胁周界建筑物的机械施工等，实现系统预警或实时告警，从而达到对侵入设防区域周界的威胁行为进行预警监测的目的。可以联动视频监控系统或派遣人员到达现场。

基于光纤传感技术分布式在线音频监测预警产品，利用光干涉技术，由激光器发出的激光经光纤耦合器分为两路，一路构成光纤干涉仪的传感臂，接受声波的调制，另一路则构成参考臂，接受声波调制的光信号经后端反射膜反射后返回光纤耦合器，发生干涉，干涉的光信号经光电探测器转换为电信号，由信号处理就可以获取声波的信息。系统可与通信光缆共用，占用通信光缆2芯，对40公里光缆周围的声音信号事实还原至主控室。现场全光路设计，本质安全，无须供电，特别适合矿下、防爆场所、易燃易爆厂区等，可广泛用于石油化工管线泄漏监测、水下监听、矿下光纤电话等。通过软件算法，提取特征型号，智能分析疑似事件类型，从而实现实时在线对事件进行预警目的。

五、应急联动指挥平台

应急联动指挥平台，适用于国内各级政府、部门和企事业单位的应急平台和应急平台体系建设需求，以信息化方式实现事中响应和联动，为国内应急大数据形成奠定坚实的基础，全面满足属地为主的应急管理和跨级、跨部门、跨区域的全过程应急联动需求，打破了美国产品在全球应急软件领域中的垄断地位，是专门为各级政府、专业应急机构、企业提供先进应急产品和完整解决方案的软件平台。

六、平台应用情况

2017年12月9日，在由国办组织召开的全国遏制重特大事故工作现场会上，张家口市宋晓立副市长向徐绍川局长汇报了公司与张家口市合作的安全风险电子地图项目、危化品运输车辆监测项目和重大危险源监测项目，在总结发言时，徐绍川局长重点说明了宁波、大连、深圳、张家口等地遏制重特大事故工作的典型经验，都很有特色，很有成效，请同志们认真学习借鉴，而且，还特别说明了张家口市属于三线城市，但遏制重特大事故信息化建设走在了一线城市的前面。

城市风险电子地图，为城市管理者提供宏观的管控和重大决策；对重大危险源进行具体有效的物联网监控，使城市管理者做到时时在线监测，做到心中有底；应急调度指挥系统协助城市管理者应对突发事件。城市公共安全闭环监测调度系统让城市公共安全管理做到可管可控。

第三节　企业发展战略

一、以先进技术为核心

先进技术是集团发展的原动力，集团从建立之初就非常重视技术的引进和消化吸收，并一直秉承着"以科技为动力，专业打造物联网安防应用平台"这一原则。目前，集团成功引用并实现产业化的技术有：云计算技术、现代通信技术、传感器技术、RFID 技术、智能视频监控技术、周界防范技术集群。集团以这些技术为核心，研发了安全监测预警应急综合平台等系列产品，能同时覆盖多个领域，安全可靠稳定，提高了资源整体的利用率。

二、实现多领域覆盖

公司根据市场需求和研究热点，将业务范围不断拓宽，目前其业务覆盖四大板块：安防、能源、军品和远程中医。在安防领域，以安全物联网领域的远程智能监控系统为核心，提供传感器及安全产业物联网解决方案等产品和服务，其研发的数字操作终端、导轨式开关电源、智能通信监控终端、光纤在线监测预警系统、智能高清半球型网络摄像机等产品在业内深受好评。在能源领域，开发出 E‐Powerwell 云平台，可实现用电监视、运行分析、能效管理、运维管理等功能，并与美国福禄克公司、英国 BVM 公司达成战略合作协议，可实现在线能源监测、电容式电压互感器（CVT）数据采集等功能，对提升我国能源整体品质意义重大。在军品领域，集团以"服务军工，关注细节"为经营理念，开发了"SNT 安全运维综合管理系统"，用于电能质量监测、质量管理及视频监测，目前已广泛应用在太原、文昌、西昌、酒泉等卫星发射基地，为我国航天事业作出了贡献。在远程中医领域，集团依托物联网远程解决方案，联合中医科学院实验室、山东中医药大学等医疗机构，构建了中防中医网络医院，专业从事远程中医医疗服务和健康咨询业务。

三、推出前端的高精产品

经过对市场的深度研究，中防电信引进国外先进技术，以高于同行业的技术规格成功推出多种高端产品。目前，公司产品分为四类：智能通信监控终端、监控设备、光纤在线监测仪以及配套产品。这四类产品在工业自动化、物联网、智能交通、网络安全、医疗设备等领域都可以得到广泛应用，为推动我国安全产业基础建设发展做出努力。

尤其值得一提的是，中防电信推出的微型计算机以其低功耗、高性能、高可靠性、安全性和强拓展性，一面世便受到市场的一众好评。光纤光栅在线监测预警系统具有抗电磁干扰、高绝缘性等特点，可对运行状态下的电力设备进行直接检测和故障定位。检测既不影响系统正常运行，又能直接反映运行中的设备状态，广受市场好评。从软件、硬件到系统，中防电信都可以根据客户需求进行专业化的定制服务，提出专业的解决方案，解决客户所需。

第二十四章　江苏八达重工机械股份有限公司

第一节　总体发展情况

一、企业概况

江苏八达重工机械股份有限公司，始建于 1986 年，是在天交所挂牌的科技研发型民营股份制公司，国家火炬计划重点高新技术企业、省创新型企业、省百家优秀科技成长型企业、省科技小巨人、省两化融合试点企业，是国内唯一研发、制造、销售双臂手大型救援机器人和"双动力"绿色环保特种工程机械的现代化企业。

企业位于新沂市经济开发区内，注册资本 5733 万元，总资产 1.57 亿元，公司于 2012 年在天交所挂牌。公司始终致力于研制"双动力"全液压轮胎式抓斗（抓料）起重机、多功能机械臂、机械手和应急救援机器人产品，在同类产品中市场占有率达到了 80%—100%。

公司科技创新实力雄厚，多次承担国家级、省级科研项目，建有江苏省企业院士工作站、国家级博士后科研工作站、省企业研究生工作站、省"机电混合动力"工程机械工程技术研究中心等科研平台，拥有较强的研究开发实力。公司拥有专利近 50 项，产业化实施率高达 90% 以上，在新沂市机械行业属龙头企业，经济效益和社会效益均良好。

公司研发的双臂手轮履复合式救援工程机器人先后参加了雅安地震救援、深圳滑坡事故救援、2017 年福州全国公路交通军地联合应急演练，受到了武警部队赞誉和嘉奖。中央电视台 10 频道分上下两集进行专门报道，美国国家地理频道组团来华拍摄专题片并在全球播放。

二、企业资源整合能力

（1）联合 7 家单位牵头承担了国家"十二五"科技支撑计划项目。

（2）联合 15 家高校、科研院所、企事业单位共同申报了国家"十三五"重点研发计划——"电气化高速公路"项目。

（3）联合 7 家单位共同申报了国家"十三五"重点研发计划项目——"面向智能铸造行业高精度液压机械臂关键技术与装备研究"，通过形式审查和预申报，进入正式申报阶段。

三、技术基础

八达重工是一家 30 年来始终致力于研发液压重载机械臂（抓料机）产品的专业制造商，也是中国最早研制相关液压重载机械臂产品的单位。产品共有四大类 20 多种规格，单臂负荷能力覆盖 1—20t，相关油电"双动力"抓料机液压机械臂产品曾分别列入国家新产品试产计划、火炬计划项目支持。

公司承担的国家"十二五"科技支撑计划项目——液压重载双动力双臂手智能型系列化救援机器人产品已完成项目研制任务，列装武警部队，填补了国内、国际空白，其中液压重载多自由度结构与控制技术、长臂重载多自由度控制与规划技术达到国际领先水平。对促进机器人技术向超大型、液压重负载方向发展，以及工程机械技术向机器人化方向转变，起到了示范作用。项目产品先后参加了雅安地震、深圳滑坡救援，现已列装武警部队。

2015 年与锡南铸造机械股份有限公司联合研制液压重载机械臂产品，已完成产品技术研发及样机试制。

八达重工是中国最早的抓料机研制单位（公司前身于 1986 年为山东平邑造纸厂研制）；是中国最早研制油电"双动力"驱动技术发明单位（公司前身于 1994 年获得该项技术第一代国家专利权，2003 年又获得该项技术第二代国家发明专利权）；是世界最大的救援机器人系列化产品成功研制单位（于 2005 年向国家提出可研报告，2010 年列入国家科技支撑计划项目，2014 年研制成功并通过国家项目验收）；是有关"电气化高速公路"项目的发明及倡导单位（于 2008 年向国家提出可研报告，2015 年组织申报国家"十三五"重点科技研发计划项目）。

四、技术成果转化能力

公司高度重视科研工作，提出了"科技创新，以人为本"的发展战略，在科技研发和成果转化方面，近几年来公司逐年加大了经费的投入力度，尤其是在产学研合作项目、检测设备、先进应用软件平台及高精尖设备方面，投入巨大，年均科技经费投入 1000 万元以上，并且逐年增长，企业经营状况持续良好。经过长期坚持科技研发和创新，公司拥有专利发明 57 项，其中发明专利 12 件，在油、电双动力物流装卸机械、抢险救援机械等主机产品上取得重要突破。公司承担包括国家科技支撑计划、江苏省重大科技成果转化专项资金项目、江苏省双创计划、江苏省企业博士集聚计划等一大批项目，项目管理和实施有较好的基础和经验。

公司的战略发展定位也非常超前。科技定位：环保、节能、高端；市场产品定位：物流技术与装备研制，抢险救援技术与装备研制，低碳、环保型绿色公路及城市交通体系；规模化、产业化、绿色化、高端化发展物流装备研制及新兴物流产业；以国家项目为支撑、以各家研发合作单位为基础、以政府机构为平台、以资本机构为依托、以用户及市场需求为目标，积极探索我国的"政、产、学、研、资、用"新型科技研发及产业联盟创新机制。

第二节　主营业务情况

抢险救援机器人。BDJY38SLL 型双臂手轮履复合智能型抢险救援机器人是国家"十二五"科技支撑计划项目重点攻关、研制的产品，在各种自然灾害和重大事故现场，机器人可以轮履复合切换行驶，快捷、及时地到达现场，可以油电双动力切换驱动双臂、双手协调作业，可以在坍塌废墟实现剪切、破碎、切割、扩张、抓取等 10 项作业，并可以进行生命探测、图像传输、故障自诊等。实施快速救援，"进得去、稳得住，拿得起、分得开"，最大效率地抢救人民生命财产，已获得国家多项发明专利。

液压重载工业机器人。铸造过程中搬运、清砂、打磨等重要作业基本采用人工操作方式，自动化程度低，工作环境恶劣，生产效益低，质量控制差，急需承载能力强、工作空间大、定位精度高、功能集成的自动化作业重载机械臂。然而，目前国内外各类机器人产品，突破吨级负载已显得尤其困难。面向铸造行业的液压机械臂，其承载能力大幅提升，但是仍然存在定位精度差、工作可靠性低、作业效率低等问题。面对精细、可靠、高效作业要求的挑战，开展液压重载机械臂关键技术的研究，研制满足铸造生产及市场需求的关键装备，具有极为重要的意义。本项目关键装备的研制，可彻底改变铸造机械臂依赖进口产品的现状，有效提升铸造行业的自动化和智能化水平；本项目关键技术的突破，为未来我国液压重载机器人负载能力向十吨级、百吨级目标发展打下坚实基础，因此具有显著的经济效益和社会效益。

履带式抓料机。WYS 系列液压履带式抓料机根据最大吊起重量有三个档次，拥有多项自主知识产权，突出优势是具有"双动力"驱动功能，适用于港口码头等货物的装卸、堆垛、喂料等抓放作业以及抢险救援。八达重工开发的世界领先的"双动力"驱动技术，增加了机械运转的可靠性，同时机动灵活易操作，公司还为客户提供各种附属产品配置，提高性能，保障安全可靠。

液压轨道式抓斗卸车机。八达重工长期研发和生产过程中把设备的可靠性和稳定性放在首位，服务客户的理念领先同行业。液压轨道式抓斗卸车机最大起重量为 20 吨，其底盘稳定可靠，而且可以灵活行走，电动机最大功率为 110kW。最大工作幅度和最大作业深度、最大作业高度都领先于同行业其他产品，保障安全和稳定的同时，液压轨道式抓斗卸车机可以高效运转，完成装卸和堆垛任务。

铁路救援起重机。针对 40 吨型铁路救援起重机，公司有三种机型供用户选择——QYJ40 型、QYJ40A 型和折叠臂型。此三种产品均适用于铁路及大型企业进行线路维护和装卸货物及救援工作，尤其适用于不打支腿铺设 12.5 米长灰枕和木枕轨排、相邻线装卸轨排等作业工况。

第三节　企业发展战略

八达重工近期将着力打造三个国家级高新技术产业化项目。

1. 年产 1000 台"双动力"抓料机专利产品项目——国家级高新技术产品

年产 2000 台 WYS 系列化油电"双动力"大型矿山挖掘机、WLYS 系列"双动力"轮胎式抓料机产业化项目，总投资 12 亿元，达产后计划实现年销售额 30 亿—40 亿元，利税 4 亿—5 亿元。目前已实现小批量销售，计划达产期为 3—5 年。

2. 年产 300 台大型系列救援机器人产业化项目——国家"十二五"科技支撑计划项目

该项目是由江苏八达重工机械有限公司牵头，联合浙江大学、北京航空航天大学、大连理工大学、西北工业大学、机械科学研究总院及山河智能装备集团共同承担的国家"十二五"科技支撑计划重点项目，该项目研发的大型抢险救援机器人技术已获得国家多项发明专利。在各种自然灾害和重大事故现场，机器人可以轮履复合切换行驶，快捷及时地到达现场；可以油电双动力切换驱动双臂、双手协调作业，在坍塌废墟实现剪切、破碎、切割、扩张、抓取等 10 项抢险任务作业，并能进行生命探测、图像传输、故障自诊等。该救援机器人在雅安大地震以及深圳特大滑坡事故救援过程中发挥了不可替代的作用，被称为"麻辣小龙虾救援机器人"，受到国务院、武警部队领导和灾区人民的高度赞誉。当前，"麻辣小龙虾救援机器人"已列装到武警交通部队，并且正在组织实施项目产业化工作，项目建设完成后，可实现年销售收入 12 亿—15 亿元，创利税 2 亿—3 亿元。项目建设及达产周期：3—5年。产品社会意义重大，市场前景广阔。

3. "双动力"重型汽车研制暨高速公路电气化系统项目

为适应国家政策对节能环保产品的鼓励和支持，八达重工近期将大力推行高速公路电气化项目。首先重点开发和研制的接触网式混合动力重载专用卡车就是在普通重载卡车上加装电动机系统和接触受电系统，是电动技术和内燃技术的组合。卡车通过与其宽度一致的智能受电弓与架空接触网保持连接获取电源，驱动车辆高速行驶。在卡车高速行驶途中，智能受电弓能够实现自动搭接或脱离架空接触网进行超车。在没有架空接触网的普通道路上，卡车将启动另一个驱动系统，利用柴油或天然气作为能源运行。专用卡车特别适合应用于点对点的常规运输线路，例如煤矿和铁路货场之间、钢厂和港口码头之间、邮政快递的主干线、城市绿色配送线等，特别适应电气化高速公路发展方向。

研制"双动力"重型汽车，推行高速公路运输电气化，目的是为了降低载货汽车的油耗成本，减少石油消耗及其所造成的环境污染。为此，公司于2008年提出了高速公路电气化战略方案，申报相关技术并获得国家专利保护。目前，公司已将相关建议书呈报到国家发改委、工信部和国务院节能环保办公室，受到了各部门的高度认可。

当前，该项目正在寻求示范应用落地，一旦完成示范应用及项目验收，其发展前景十分广阔，社会意义非常重大。

近年来，公司围绕高端用户、国际市场、军方市场，抓质量、抓技术进步，打造精品，生产绿色、高附加值产品，实现了企业的转型升级，取得了近几年来最好的成绩。今后，公司将坚持"绿色、智能"的研发与制造方向，尽快将具有完全自主知识产权的油电"双动力"新能源工程机械、大型系列化救援机器人产品实现高新技术产业化，为我国的节能环保事业以及应急救援事业作出重要贡献。

第二十五章　北京韬盛科技发展有限公司

第一节　总体发展情况

一、发展历史与企业现状

北京韬盛科技发展有限公司（以下简称"韬盛科技"）是专注于智能化高端建筑装备与安全技术应用的、行业领先的国家高新技术企业和中关村高新技术企业。企业成立于 2007 年，注册资本 4325.96 万元，总租赁资产 4 亿元，业务遍及全国及海外市场，是一家行业领先的现代化企业。

韬盛科技始终专注于高层和超高层建筑模架装备技术的研究与应用，陆续开发了集成式升降操作平台、附着式升降脚手架、顶模挂架、集成式电动及液压爬升模板系统、铝合金模板系统等产品系列。韬盛科技技术装备成功应用于广州东塔（532 米）、天津 117 大厦（597 米）、武汉绿地中心（636 米）、天津周大福中心（530 米）、中国尊（528 米）等一大批高层和超高层标志性工程，已成为中国模架装备技术开发应用龙头企业。截至目前，韬盛科技已获得发明、实用新型等各类专利近 40 项，参与制定国家标准及行业标准 4 项，相关企业技术标准已编入国家标准《租赁模板脚手架维修保养技术规范》（GB50829—2013）、行业标准《建筑施工工具式脚手架安全技术术规范》（JGJ202—2010）、中国工程建设协会标准《附着式升降脚手架及同步控制系统应用技术规程》以及协会标准《独立支撑应用技术规程》（CFSA/T04：2016）。

韬盛科技先后获得"北京市高新技术成果转化项目认定""北京市企业技

术中心""北京市企业研究开发项目鉴定""北京市专利试点单位""中关村瞪羚企业""北京市通州区20112012、2013年度纳税额千万元以上企业""中关村科技园区企业信用评级 Azc""中关村国家自主创新示范区新技术新产品""ISO14001 环境管理体系认证""ISO9001 质量管理体系认证""贯彻实施建筑施工安全标准示范单位""建筑施工安全技术科技进步一等奖""OHSAS18001 职业健康安全管理体系认证"等80余项殊荣。

韬盛科技秉承"致力创新,让建筑更安全"的核心价值观,践行"推动行业发展,履行社会责任"的企业宗旨,坚持"以管理促发展,向科技要效益"的科学发展观,打造"积极、敢当、进取、团结"的坚强团队。通过11年不懈努力和不断创新,形成了以集成式电动爬升模板系统、带荷载报警爬升料台、附着式升降脚手架、集成式升降操作平台、顶模系统、铝合金模板系统等为主导的系列产品,为建筑施工本质安全保驾护航。

二、生产经营情况

韬盛科技 2016 年营业收入达到 3.61 亿元,同比 2015 年增长 42.69%。韬盛科技 2016 年净利润增长达到 3877.6 万元,同比增长 −30.97%。

表 25 −1　韬盛科技 2013—2016 年各财年利润情况

	营业收入情况		净利润情况	
	营业收入（亿元）	增长率（%）	净利润（万元）	增长率（%）
2013	1.89	2.72%	3253.65	11.76%
2014	2.37	25.40%	2551.17	−21.59%
2015	2.53	6.75%	2497.88	−2.09%
2016	3.61	42.69%	1724.4	−30.97%

资料来源:韬盛科技财务报表,2018 年 2 月。

第二节　主营业务情况

一、集成式电动爬升模板系统

韬盛科技通过自主研发开发的集成式电动爬升模板系统，有效解决了同类产品"难以同步控制、液压油易泄漏、存在防坠落缺陷"等行业难题，具有构造简单、自动操控、智能防坠、安拆方便和经济性强等特点。

系统具有以下专业优势：

1. 模板操作不落地，适用于超高层核心筒施工；

2. 提升系统模板开合牵引系统选用了电动葫芦自动往复循环系统，操作简便效率高，同步性能优秀；

3. 采用整体全钢结构，无须钢管扣件，避免消防隐患；

4. 单元折叠模式，现场安装方便；

5. 采用智能荷载控制系统和遥控来控制升降，更便捷可靠，人员实现不上架操控；

6. 导轨及支撑架防坠进行了分别设置，支撑架采用了星轮防坠，导轨采用了摆块防坠，结构简单，可靠性高。

二、顶模系统

工具式液压顶升模架平台（简称顶模系统）主要包括顶升系统、模板系统、液压控制系统、承重系统和模板开合系统。

顶升系统包括液压双作业油缸、液压泵站及管路；模板系统包括脚手架和模板；液压控制系统包括快开阀和同步控制器等；承重系统包括下部承力梁、中部承力梁、上部承力桁架和相应的辅助运动构件；模板开合系统包括滑轮、滑轨、牵引设备和上下微调装置。

核心优势：

1. 模架平台能够形成一个封闭的安全作业空间；

2. 模架平台能够通过液压顶升系统实现完全自爬升，大大减少了施工过程中对塔吊的依赖，人工作业的减少对整体工期极为有利；

3. 实现模架平台变截面处模板变换简便易行；

4. 模架平台支撑点少、单个平台各自独立，便于控制单个平台的同步提升；

5. 模板采用辅助阴阳角模、定型大钢模板和钢骨架木面板补偿模板，对模板收分及拆装十分有利；

6. 模架平台采用了定型脚手架和工具式桁架，周转灵活，安拆简便，成本较低。

三、集成式升降操作平台

韬盛科技通过自主研发，发明了"转向折叠""部件式拼装"技术，研制出的集成式升降操作平台实现了智能化操控、架体转向折叠等功能，具有国际领先水平。

平台采用了整体全钢结构，无须钢管扣件，避免了消防隐患；工厂化预制生产，标准化定型装置；单元折叠方式，操作简便迅速；外形美观，文明施工效果显著。

专业优势方面：能够节省40%—60%的劳动力，能够有效解决施工人员紧缺、建筑人工成本日趋增长等行业常见问题。

架体特点方面：1. 脚手板操作层按楼层高度定制，操作面与楼层相适应，在平台架上如同楼内作业；2. 在地面进行高空组装作业，基本避免了危险高空作业；3. 动力升降装置采用电动葫芦往复循环系统，无须人工搬运；4. 智能荷载控制系统和遥控控制操作升降，更便捷可靠，能够实现人员不上架操控；5. 独有星轮防坠落附墙支座，安全性高，能够全天候防坠；6. 平台架体立面和平面实现全密封，能够有效防止坠物风险。

四、附着式升降脚手架（TSJPT9.0型）

1. 高安全性

体现在两个方面，设计安全：脚手架产品重点解决的是高处坠落风险。

韬盛科技在研发产品时就提出主动安全防护和被动安全防护双保障理念。在主动安全防护方面，创新开发遥控控制和荷载同步控制技术，通过遥控控制使作业人员脱离出相对不安全的升降环境，通过荷载同步控制系统自动判别故障并自动停机报警。在被动安全防护方面，创新设计多重设置多重防护的安全防坠落装置，共设置各自独立的三套防坠落装置，任何一个单独作用都可以确保安全；作业安全：传统脚手架搭设始终存在大量高空、临空作业，高空坠物和人员坠落风险大。韬盛科技的产品具有低搭高用、变高空临空作业为架体内部作业的特点，可以在地面组装，通过设备吊装安装在楼体上，并通过自身升降动力不限高度使用，最大程度改善作业环境，确保作业安全。

2. 智能控制

韬盛科技具有自主知识产权的荷载同步控制系统，具备智能识别、智能判定、自主报警、自动停机的功能。首先，由于每机位跨度不同，不能简单人为设置标准荷载，公司的系统会在升降开始第5秒自动读取每个升降机位的荷载值，作为该机位的标准荷载。升降过程中，若某机位荷载值超过或低于该机位标准荷载值15%以上，该机位会自动声光报警，做阻挡预警；当荷载值超过或低于该机位标准荷载值30%时，整个提升机位组自动停机，故障机位声光报警。

3. 全金属防火

传统建筑脚手架由于存在较多可燃材料，如塑料安全网、竹木脚手板等，消防隐患大，扑灭难度大。为此，韬盛科技在2011年开始研发适用于高层建筑的全集成升降防护平台脚手架，具有全金属防火、地面组装、地面解体等安全优势，受到建筑商欢迎。2014年，公司又研发成功附着式升降脚手架（TSJPT9.0型），是适用于全部建筑脚手架应用的新产品，一经推出，备受认可。

4. 节材节能节工

节材：按照每栋楼25层计算，每栋楼韬盛科技产品使用钢材约40吨，传统脚手架使用钢材约300吨，节约近87%，该产品目前规模每年应用1000余栋，每年可节约钢材26万吨。节能：传统脚手架每层楼用电（主要是塔吊调运材料，塔吊电机按照最小规格35kW）约70度，韬盛产品每层楼用电约8度，可节约62度电，节约率89%，按照每栋楼25层计算，每栋楼可节约

1550度电，产品目前规模每年应用1000余栋，每年节约电能超过155万度。

节工：由于大量采用地面安装和动力设备升降。每提升一层楼仅需4.5个人工，传统脚手架搭设一层需8个人工，节约人工量44%。

5. 美观靓丽

突破传统脚手架杂乱的外观形象，实现低塔高用功能，在建筑主体底部一次性组装完成，施工项目整体形象更加简洁、规整、美观。

6. 项目竞争优势明显

当前，附着式升降脚手架（TSJPT9.0型）的同类型竞争产品主要有两种：传统钢管脚手架和悬挑脚手架，但三者在安全性、施工管理、施工进度、文明形象、技术进度、经济性等方面差异较大。

附着式升降脚手架（TSJPT9.0型）= 双排架 + 悬挂架 + 爬架 + 集成架 + 广告架。

该产品于2017年获得"北京发明大赛金奖"。

五、带荷载报警爬升料台

带荷载报警爬升料台由附墙支座、物料平台导轨及称重系统组成，广泛应用于物料转运、粉刷、砌筑装修等建筑主体结构施工过程中。

主要特点：

1. 工厂预制化生产、模块化拼装、工具式组装，拆装迅速；

2. 自主升降、不占用塔吊工时，省时便捷；

3. 称重系统能够实时显示荷载，自带超重和欠载报警系统并进行声光报警；

4. 智能化、人性化、能远程控制；

5. 安全快捷，且有助于提升施工形象。

六、施工电梯监控系统

施工升降机超员视频监控仪是为了保证施乘人员的安全、促进施乘人员安全意识提高，严格管控事故苗头而配备的一种人数超员监视监控装置。

监视仪采用了智能视频分析技术，当人员进入电梯轿厢内时，系统能够自动采集人员信息，并统计人数。当数量超过系统设定值时报警，并联动制动施工升降机；当数量恢复到设定值之内后系统解除报警，施工升降机才可运行。

有效杜绝由操作人员违章操作、产品作业严重超员、操作人员无证上岗、设备管理保养不善等引发的重大事故。

系统采用智能化监控，可靠性高，易于安装和系统集成；软件安装界面友好，采用了内建夜间照明的双目立体视觉摄像机，能够在任何光线环境使用；检测精度在99％以上，环境保护级别为 IP65，适合各类设备接口。

七、工具式盘梯

工具式盘梯由立柱组、楼梯、外防护网、横梁和护手杆组成，通过标准螺栓副连接，组成盘梯单元。楼梯缓步台长 2.4 米，宽 1 米；楼梯层间高 1.2 米，同侧楼梯间高度 2.4 米，楼梯与板面夹角 35°，楼梯踏步高度 20 厘米，宽 23 厘米，护手杆高度 1.1 米，外钢网使用 80×30×4 冲压钢板网；盘梯长 3.95 米，宽 2.65 米，高 24 米，根据具体情况设计盘梯与地面连接的水平梯。

八、铝合金模板系统

铝合金模板系统是新一代的绿色模板技术，最早诞生于美国，由模板系统、支撑系统、紧固系统、附件系统等构成，可应用于钢筋混凝土建筑结构的各个领域。

铝合金模板系统具有重量轻、刚度高、拆装方便、稳定性好、板面大、精度高、拼缝少、浇筑的混凝土平整光洁、使用寿命长、经济性好、回收价值高、周转次数多、对机械依赖程度低、施工效率高、施工进度快、施工形象好、施工现场安全整洁、应用范围广等特点。

四大系统：模板系统构成了混凝土结构施工所需的封闭面，保证混凝土浇灌时建筑结构成型；支撑系统在混凝土结构施工过程中起道路支撑作用，能够保证楼面、梁底及悬挑结构的支撑稳固；紧固系统保证了模板成型时的结构宽度尺寸，使得模板在浇注混凝土过程中不产生变形，防止胀模、爆模现象发生；附件系统为模板的连接构件，使单件模板连接成系统，组成整体。

铝合金模板系统具有以下技术特点：

1. 构架性能优良

系统全部采用铝合金板组装，拼装后形成整体框架，稳定性好，承载力高。

2. 一次性浇筑

将墙模、顶模和支撑等独立系统融为一体，将模板一次性拼装完毕，一次浇筑即可。

3. 可提前整体试装

传统模板及施工方法中，需由施工人员现场处理临时问题，施工效率及工程质量难以保证。铝合金模板系统，可在运往工地前进行试装，进行问题的预先排除。

4. 早拆支撑

一体化设计顶模和支撑系统，将早拆技术运用到顶板支撑系统，有效提升模板周转率。

5. 支撑系统施工方便

铝模板支模现场的支撑杆较少、操作空间大，施工现场人员通行、材料搬运空间较传统方式更为宽松，现场管理更加方便。

6. 拆模后混凝土表面效果好

拆模后，混凝土表面平整光洁，可达饰面及清水混凝土要求，无须进行批荡，能够节省批荡费用。

7. 重复利用性能好

在美国，铝模板有重复使用 3000 次以上的记录，周转次数越多，总体经济性越好。

8. 应用范围广

铝合金建筑模板可用于柱子、墙体、飘板、水平楼板、窗台、梁、楼梯等位置。

第三节　企业发展战略

公司从设备租赁到深化服务、再到平台模式的发展历程，满足了市场需求和公司发展的需要。平台模式的终极目标是降低建筑成本，提高效率，整合模架行业。

公司以技术和服务作为依托，采取技术领先和服务取胜策略，引领智能模架行业的发展趋势，为国内外高层和超高层建筑提供安全防护及支撑体系全面解决方案。

韬盛致力于成长为建筑机械与安全技术行业领军企业、技术创新引领者、深化服务的践行者、商业模式创新的思考者、建设安全产业的创建者和企业社会责任的实干家。

第二十六章　华洋通信科技股份有限公司

华洋通信科技股份有限公司坐落于徐州高新技术产业开发区，是矿山领域著名的高新技术企业，为煤炭企业提供物联网、自动化、信息化、智能化的技术服务与产品，综合实力处于行业内前三名。公司在发展过程中，依托于中国矿业大学的科研资源，并紧紧抓住矿山物联网、产品升级改造、智能制造等历史机遇，产值规模和研发能力不断壮大，发展快速而且稳定。目前，公司拥有一支由教授、博士、硕士组成的 80 多人的研究队伍，不断开发出具有独立自主知识产权的高新技术产品，承担了多项国家级、省部级科研项目，科技成果转化迅速，多次获得国家级各类科技奖项，为矿山行业的发展作出了突出贡献。

第一节　总体发展情况

华洋通信科技股份有限公司创立于 1994 年 8 月，是集科研开发、生产经营、工程安装于一体的江苏省高新技术企业、双软企业、重合同守信用企业、江苏省物联网示范企业、江苏省两化融合示范企业、江苏省科技型中小企业、江苏省物联网应用示范工程建设单位，拥有"江苏省煤矿安全生产综合监控工程技术研究中心""江苏省软件企业技术中心"，是江苏省重点企业研发机构，拥有信息系统集成及服务二级资质。公司是国内煤矿物联网、自动化、信息化领航企业，长期从事该领域的技术研发、推广与服务，智慧矿山示范工程建设，积极致力于物联网技术在感知矿山领域应用和技术推广。

公司在业内第一个开发了"煤矿井下光纤工业电视系统"；第一个提出并建立了符合防爆条件的百兆/千兆井下高速网络平台，填补了国内空白，达到国际先进水平；第一个开发了"基于防爆工业以太网的煤矿综合自动化系统"；第一个提出并建立了"矿井应急救援通信保障系统"；第一个提出并建立了"基于物联网的智慧矿山综合监控系统实施模式"；"矿用隔爆兼本安型万兆工业以太环网交换机"是第一个获得国家安全标准认证的矿用交换机。

近年来，企业联合中国煤炭工业协会、徐州高新技术产业开发区（国家级高新区），编写了《安全高效现代化矿井建设规范》、新版煤矿总工程师手册第十一篇——《煤矿信息化技术》《智能矿井设计规范》和《矿山物联网白皮书（2015）》等标准与规范。

公司先后承担国家重点"863 计划"等 10 多项国家级、省部级科研项目，近 5 年，承建 40 多项矿山物联网示范工程项目。董事长钱建生教授 2016 年获第三届"江苏服务业专业人才特别贡献奖"，2017 年入选为科技部"创新人才推进计划科技创新创业人才"、入选第三批国家"万人计划"科技创业领军人才。

公司荣获省部级科技奖 30 余项、国家授权专利 50 余项（其中发明专利 3 项）、软件著作权 26 项、软件产品 19 项、江苏省高新技术产品 24 项，60 余款产品获国家安全标准认证，连续 5 年年均产值超亿元、税收超千万、研发投入占销售的 5% 以上。公司正处发展转型期，计划近年在创业板上市。

表 26 - 1　华洋通信科技股份有限公司财政情况

	营业收入情况		净利润情况	
	营业收入（亿元）	增长率（%）	净利润（万元）	增长率（%）
2015	1.19	20.20	2535.44	29.60
2016	1.06	-10.92	1977.98	-21.99
2017	1.34	26.42	2718.81	37.45

资料来源：赛迪智库整理，2018 年 1 月。

第二节　主营业务情况

一、主营业务

在国家"以信息化带动工业化，以工业化促进信息化"的指引下，公司进行了大胆的探索和实践，不断引进、消化、吸收国内外先进技术和理念，进行宽带无线传感技术、自动控制技术、信息传输和处理技术、故障诊断技术及物联网技术的研究，研制了一系列新设备和系统，在矿山安全生产、监管监测等方面取得了显著效果，为智能矿山建设奠定了良好的基础。

公司主要产品有："基于防爆工业以太网的煤矿综合自动化系统""矿用广播与通信系统""矿用无线通信系统""煤矿工业电视监控系统""电厂、化工企业燃料智能管控系统""无人机、机器人盘煤系统""循环氨水余热回收智能装备系统"等物联网、自动化、信息化系统及相关配套产品；防爆摄像仪、智能手机、平板电脑、交换机、音箱、锂离子蓄电池电源、PLC 以及系统软件。其产品和服务已遍及全国 15 个省，30 多个大型煤业集团，400 多个大中型煤矿。参与承建的"平煤股份八矿综合自动化工程"被评为河南省数字化矿山建设示范工程、"山西中煤华晋集团王家岭煤矿信息化工程"被煤炭工业协会评为"2016 两化融合示范煤矿"，"煤矿多网融合通信与救援广播系统"被国家安全生产监督管理总局列为"推广先进安全技术装备"。

二、产品情况介绍

（一）已完成的关键技术及工作

1. 智能煤矿安全生产综合监控系统高速传输平台理论体系、关键技术研究及关键设备产品的开发

首次提出了使用 10/100/1000Mbps 工业以太环网 + CAN 现场总线形式，构建基于防爆工业以太网的煤矿综合信息传输网络平台模式，采用环网网络冗余、链路聚集、嵌入式等技术，在国内首次提出、开发并建立了符合防爆条件的井下高速网络平台，实现煤矿各种自动化及监测监控子系统的接入和信息共享。

2. 智能煤矿安全监控系统及接入技术的研究与关键装置的研发

配装国产自主研发的悬臂式掘进机及远程监控系统，实现了采掘设备遥测遥控；井下人员定位、安全管理及考勤系统，实现了人员安全管理；网络化煤矿井下风网监控关键技术，实现了矿井瓦斯与风网的实时监测与调控等，提高了检测控制水平；煤矿井下斜巷绞车轨道运输远程安全综合监控关键技

术，实现了煤矿井下斜巷轨道运输监控及操作的可视化、智能化，解决了煤矿斜巷轨道运输监控的盲区和难点，消除安全隐患，提高煤矿生产运输安全；煤矿抢险救灾无线音视频传输系统，解决了抢险救灾中地面与井下无法进行音视频通信的关键难题；基于 IP 的煤矿程控电话系统和广播通信系统，实现了煤矿调度通信的革新和升级换代；适合煤矿特点的流媒体信息传输及控制技术，解决了矿井上下之间的远程图像、图形交互传输与控制技术；全分布式控制结构的矿井安全生产自动化监控子系统，实现了对矿井上下运输、四大运转（通风、压风、提升、排水）、井下供电等各安全生产环节的"遥测、遥信和遥控"；多功能综合接入网关，实现了多种有线无线矿井安全系统、生产自动化各子系统的互联和多种类型的分站接入功能，推动了矿井安全生产综合监控与联动控制。

3. 智能煤矿综合监控信息集成软件系统开发

系统采用分布式设计，以安全生产、自动化等信息系统为其子系统，将实时数据流和管理信息流等各子系统集成起来，形成统一的信息平台，并通过企业内部计算机网络平台，基于分布式实时数据库、OPC、工控组态技术，实现了已有各子系统的无缝集成和安全生产实时数据 Web 浏览。

（二）已完成的主要项目

1. "薄煤层开采关键技术与装备"课题"工作面'三机'协同控制技术"（课题编号：2012AA062103）

该项目是 2012 年公司承担国家"863 计划"资源环境技术领域重点研究课题。该课题以钻式采煤机小型化及模块化技术、钻具定向钻进技术、自动快速换钻杆技术、多钻头截割技术以及煤岩识别装置的研究为主，公司开发出具有快速、高效、定向钻进，并且配有钻具装卸机械手和煤岩识别装置的五钻头小型化、模块化钻式采煤机，满足我国煤矿井下极薄煤层无人工作面智能开采作业的需要，充分开采煤炭有限资源，为煤炭生产的持续发展提供技术保障。

2. 基于程控调度的煤矿多网融合通信与救援广播系统

该系统针对目前煤矿多种通信网络并存的现状，研究多种异构通信系统互联关键技术，提出了多网融合的煤矿协同通信新模式；开发设计基于程控调度的煤矿多网融合通信与救援广播系统，通过程控调度台实现多网互联互通、一键通信、一键广播的统一调度指挥，使用简单，平时服务于日常生产，突发事故时，快速服务救援通信，实现了生产调度、实时指挥、紧急救援的煤矿一体化融合通信的目标；设计了井下音频、视频、监测/监控系统"三位一体"的综合联动控制策略，实现融合通信系统与人员定位系统、安全监控系统和生产自动化系统的联动控制，提升了矿井整体应急响应水平。

3. 千万吨级高效综采关键技术创新及产业化示范工程

该项目是国家发展改革委低碳技术创新及产业化示范工程项目，由中煤平朔集团有限公司、中国矿业大学、华洋通信科技股份有限公司等单位共同承担，依托中煤平朔集团有限公司井工一矿的 19108 工作面进行开采示范。19108 工作面煤厚 12.68m，地质储量 1447.9 万吨，可采储量 1231.0 万吨。项目研制的高强度、高可靠性的采煤机摇臂、智能型变频刮板输送成套设备、工作面信息集成及远程智能控制系统等，经 19108 示范工作面运行一年，设备综合开机率达到 90%，工作面产量达到 1138.1433 万吨，实现了工作面安全、高产、高效、节能开采。

第三节　企业发展战略

华洋通信成立至今，坚持以质量为本、信誉为基、用户至上的原则，始终坚持走科技兴企、自主创新的道路，牢记使命、不忘初衷，积极致力于煤矿安全生产相关技术、产品研发和推广应用。

一、坚持公司发展定位

积极参与行业的标准制订，引导行业在物联网、自动化、信息化、智能化方面的技术进步。自主研发 60 多项 MA 产品，与美国 GE、加拿大罗杰康、德国赫斯曼、德国 EPP 等国际一流企业签署战略合作协议，共同开拓煤炭市场。积极参与智慧矿山示范工程建设，推动智慧矿山进程。与客户建立长期合作的战略联盟，为企业的信息化建设提供技术咨询、规划设计、技术培训等技术服务。

二、坚持科技创新，确保领先地位

公司紧紧依靠科技创新，抢抓发展新兴产业机遇，充分发挥公司和中国矿业大学信息技术研究的优势，依托"江苏省煤矿安全生产综合监控工程技术研究中心"，联合承担技术研发、技术标准制定、科技成果转化，建立产学研用联合机制，加快形成设计、研发、解决方案和品牌营销为模式的高端形态，以新的发展方式，走出传统产业低端制造的发展模式，以发展智能物联网产业的高端产品，提升公司的整体水平。本着"生产一代、拓展一代、开发一代、规划一代"的研发思路，继续布局国内外先进技术，强化新产品和关键技术的研发投入，保障公司产品始终处于行业顶端。

三、大力实施人才战略

坚持"以诚聚才，任人唯贤，以人为本，人尽其用"的原则，不断培养、引进高层次人才和急需人才。完善人才管理体制，引进先进管理经验，形成一套科学规范的管理模式；创造优良人才成长环境，鼓励人才参加各类学习培训，鼓励创新，对取得优异成绩者给予奖励；建立良好的人才使用和流动机制，实行竞争上岗，不断整合优化内外部人才资源，借助矿大人才优势，为企业发展提供人才支撑，让华洋通信不断走向成功。

四、实施科学规范化管理

重合同、守信誉，严格履约，在管理中严格执行 ISO9001 的质量管理体系要求，全面落实技术培训和操作指导，按照设计标准和用户要求严格组织生产、检验、售后服务，保证产品质量安全可靠，加强对用户的回访交流，畅通信息反馈渠道。

五、坚持可持续发展战略

坚持可持续发展战略，调整发展新思路，加大研发投入，产品、技术、服务不断延伸，业务从传统的煤炭行业安全服务向非煤行业拓展，保持了新常态下的发展趋势，目前无人机应用和污水处理等技术服务已初见成效，为公司发展注入新动力。

随着国家"互联网+"、制造强国战略的实施，公司采用物联网、智能控制技术对产品不断地进行升级换代，将视频监控系统、广播通信系统与综合自动化系统进行深度融合，向智能控制方向发展，并将物联网、信息化、智能控制技术应用从煤炭开采逐步拓展到煤炭储装运、煤炭深加工、煤化工、煤焦化、燃煤发电等煤炭产业链相关的工业领域，实现技术优势向经营业绩的转化，不断提升公司综合竞争力。

政 策 篇

区 絲 区

第二十七章　2017年中国安全产业政策环境分析

2017年是我国安全产业快速发展、创新发展之年，在认真贯彻《中共中央国务院关于推进安全生产领域改革发展的意见》和中央国家安全委员会关于"十三五"期间发展安全产业的战略部署工作中，制修订了一批安全技术和装备标准，为健全安全产业标准体系起到了巨大的推动作用；发布了一批政策法规文件，促进了产业迅猛发展，规范了市场秩序；完善了财税支持和保险政策，推动安全产品应用。总体来讲，国家对安全产业发展的政策支持巨大，推动了产业的良性发展，安全产业已经成为国民经济新增长点。新时期新阶段，安全产业的发展已经成为保障社会安全发展、提升各行业领域本质安全水平的重要支撑，良好的产业政策环境也逐渐形成，确保了安全产业满足安全保障基础能力建设的需求。

第一节　中国安全生产形势要求加快安全产业发展

一、安全生产态势持续好转

2017年，全国安全生产状况基本稳定，大部分地区和重点行业领域安全状况较为良好，全国安全生产工作取得了明显成效，全国各类事故数量持续呈下降态势。据国家安监总局统计，2017年全国发生各类生产安全事故5.03万起、死亡3.61万人，同比分别下降16.2%和12.1%；发生较大事故614起、死亡2351人，分别下降18.2%和18.3%；发生重特大事故25起、死亡

343 人，分别减少 7 起、228 人，同比分别下降 21.9% 和 40%，其中特别重大事故 1 起，同比减少 3 起。大部分行业领域安全状况好转，10 个行业领域实现事故次数和死亡人数"双下降"，3 个行业领域未发生较大以上事故；大部分地区安全状况好转，28 个省级单位事故次数和死亡人数"双下降"，15 个省级单位未发生重特大事故。

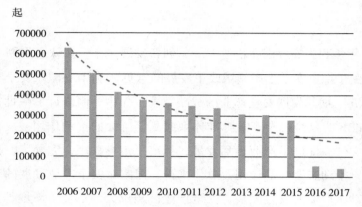

图 27 - 1 2006—2017 年全国各类安全生产事故次数

资料来源：国家安监总局，赛迪智库整理，2018 年 1 月。

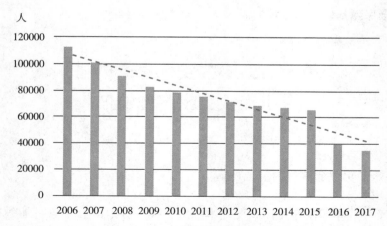

图 27 - 2 2006—2017 年全国各类安全生产事故死亡人数

资料来源：国家安监总局，赛迪智库整理，2018 年 1 月。

表 27 - 1   2010—2016 年全国安全生产"四项指标"

	2010	**2011**	**2012**	**2013**	**2014**	**2015**	**2016**
亿元 GDP 死亡率	0.201	0.173	0.142	0.124	0.107	0.098	0.058
工矿商贸十万从业 人员事故死亡率	2.13	1.88	1.64	1.52	1.33	1.071	—
道路交通万车死亡率	3.2	2.8	2.5	2.3	2.1	2.1	2.1
煤矿百万吨死亡率	0.749	0.564	0.374	0.293	0.257	0.162	0.156

资料来源：国家安监总局，赛迪智库整理，2018 年 1 月。

二、全国安全生产形势依然严峻

目前，人民对安全发展日益增长的需求同安全生产基础薄弱的现状之间的矛盾也成了新时期安全生产工作的主要矛盾。全国安全生产态势虽然有所好转，但形势依然严峻，与社会和人民的期盼仍然有差距，这主要表现在几个方面：

一是部分行业领域的重特大事故仍旧多发。重特大事故带来的伤亡和财产损失巨大，造成的社会影响非常恶劣。虽然 2017 年重特大事故的数量和死亡人数均同比减少，但交通运输、危化品等领域仍是重特大事故的高发领域。如京昆高速"8·10"特大交通事故造成 36 人死亡、13 人受伤，临沂金誉石化"6·5"罐车泄漏重大爆炸事故造成 10 人死亡、9 人受伤，北京大兴"11·18"重大火灾事故造成 19 人死亡、8 人受伤。由此可见，预防重特大事故的形势仍旧非常严峻。

二是企业安全生产意识仍旧有待提高。企业整体的安全生产意识不强仍是困扰目前安全生产工作的一大难题，安全设备投入不足、安全监管不到位、安全专业知识缺乏、隐患排查不彻底、违规操作等现象随处可见。例如临沂金誉石化"6·5"罐车泄漏重大爆炸事故，就是因为员工安全意识薄弱，10余量罐车同时进入作业现场，而且液化原料产品装车操作违规，卸车区附近的工作区域不具备防爆能力，出现原料泄漏问题后没有及时处理，造成了风险叠加，出现了二次燃爆事故，造成了更大的伤害。

三是非法违法生产经营导致的安全事故仍然较多。没有资质就从事生产经营活动、没有按照国家有关规定进行生产而导致安全事故的现象频现。例如萍乡市花炮厂"9·22"较大爆炸事故，就是因为擅自拆封企业、违法生产，并违规使用混装药封口一体机进行生产，结果发生爆炸事故，造成现场7名工作人员全部死亡。

三、适应安全生产新形势，出台新的政策法规

为进一步提高全行业安全生产能力、各领域安全生产意识，降低安全事故的发生，2017年国家出台并完善了一系列严格的安全生产政策法规，对安全生产提出了更高要求。

法律。2017年11月4日，《中华人民共和国职业病防治法》经第十二届全国人民代表大会常务委员会第三十次会议修改通过，详细规定了在生产经营活动过程中严格落实职业病前期预防、劳动过程中的防护与管理、职业病诊断与职业病病人保障、监督检查、法律责任等内容，并鼓励和支持企业使用有利于职业病防治的新工艺、技术、设备和材料。

法规。2017年1月12日，国务院办公厅印发了《安全生产"十三五"规划》（国办发〔2017〕3号），进一步指出了安全生产工作的重要性，对新形势下的安全生产工作提出了七项主要任务、八项重点工程等新要求，并提出了"十三五"期间安全生产工作的目标。2018年1月，中共中央办公厅、国务院办公厅印发了《关于推进城市安全发展的意见》，详细规定了要加强城市安全源头治理、健全城市安全防控机制、提升城市安全监管效能、强化城市安全保障能力、加强统筹推动等五方面内容，并提出了要"建立以安全生产为基础的综合性、全方位、系统化的城市安全发展体系"的总体要求。

规范性文件。2017年，针对《安全生产"十三五"规划》（国办发〔2017〕3号），各行业领域纷纷响应，出台了职业病危害治理、非煤矿山、金属非金属矿山、道路交通、危化品等领域安全生产"十三五"规划，进一步促进了行业安全保障水平的提升；2017年3月1日，包括金属非金属矿山在内的25项安全生产行业标准正式实施，补充、完善了安全标准化相关规定和作业现场安全管理等内容；2017年3月6日，《化工（危险化学品）企业保障生产安全十条规定》《烟花爆竹企业保障生产安全十条规定》和《油气罐区防火防爆十条规定》（安监总政法〔2017〕15号）出台实施，明确了生

产经营过程中的安全规定；2017年9月，《国务院办公厅关于推进城镇人口密集区危险化学品生产企业搬迁改造的指导意见》（国办发〔2017〕77号）正式发布，提出了企业搬迁工作的实施目标、重点任务，并通过具体的财税、资金和土地政策对搬迁工作加以支持；2017年11月，化工和危险化学品、烟花爆竹和工贸行业《重大生产安全事故隐患判定标准》正式出版，详细界定了重大事故隐患判定范围；2017年12月12日，《安全生产责任保险实施办法》（安监总办〔2017〕140号）正式出台，进一步规范了安全生产责任保险工作，促进了保险机构参与风险评估和事故预防工作。

这些政策的密集出台，彰显了国家对安全生产工作的高度重视，随之而来的是对安全生产工作要求的愈加严格。随着这些全面的或特定领域的政策相继出台，各地对安全生产工作的重视程度不断提高，安全产业作为安全生产工作的强有力保障，发展空间不断扩大。

第二节　宏观层面：国家对安全产业愈加重视

一、政策环境持续优化

党的十九大报告提出："树立安全发展理念，弘扬生命至上、安全第一的思想，健全公共安全体系，完善安全生产责任制，坚决遏制重特大安全事故，提升防灾减灾救灾能力"，安全发展是全社会共同关注的焦点，也是经济增长和人民生活水平稳步提升的基础保障，安全发展的巨大需求就是安全产业最好的发展环境。安全产业迎来加速发展、集聚发展的良好契机。

为了促进安全产业的发展、提升各行业领域本质安全水平，国家出台了一系列政策规定，如：2017年7月，工信部印发了《应急产业培育与发展行动计划（2017—2019年）》（工信部运行〔2017〕153号），提出提升应急产业供给水平等七项重点任务，明确了我国应急产业培育和发展的重点，该计划的出台必定会进一步加快应急产业的发展。作为安全产业的分支，应急产业的发展必定会带动安全产业的发展并推动产业链的形成；2017年9月，科技部制定了《"十三五"公共安全科技创新专项规划》（国科发社〔2017〕102号），要求在社会安全、生产安全、综合保障与应急等公共安全科技领域加强基础研究、夯实理论基础，统筹研发部署、突破关键技术，着力成果转化、支撑引领发展，推进平台建设、强化创新能力，深化国际合作、开放共享共赢。

为了促进安全技术和产品高端化发展，国家出台了一系列标准。2017年1月，国家质检总局制定了《特种设备使用管理规则》《电梯维护保养规则》《场（厂）内专用机动车辆安全技术监察规程》3个特种设备安全技术规范，强化了特种设备的安全运行管理和技术的升级改造；2017年4月，《营运客车安全技术条件》（JT/T 1094—2016）正式实施，从整车、主要总成、安全防护等方面，提出了全新的安全技术要求，是迄今为止我国营运客车领域最先进、最权威的一部文件，其有效贯彻执行，将对促进客车行业安全技术改革、有效遏制和减少因客车安全性能不足导致的交通事故等方面产生重要影响；2017年7月，国务院印发了《新一代人工智能发展规划》（国发〔2017〕35号），文件要求"利用人工智能提升公共安全保障能力，推动构建公共安全智能化监测预警与控制体系"；2017年10月，《公共安全视频图像信息联网共享应用标准体系（2017版）》正式出台，这是我国公共安全视频监控建设联网应用工作在标准化方面的顶层设计，满足了在实际工作中的技术系统建设、评价测试及规范管理等方面的需求。

二、产业体系不断丰富

2017年，围绕《中共中央国务院关于推进安全生产领域改革发展的意见》（中发〔2016〕32号）文件和中央国安委对"十三五"期间安全基础保障能力建设要求，安全产业的科技创新支撑体系、标准体系、投融资服务体系和产业链协作体系不断丰富，在交通、矿山、危化品、建筑等重点行业领域也实施了多项试点示范工程，促进了安全产业快速发展。

在科技创新支撑体系方面，政府、企业、科研机构共同组建了国际无线光频传输联合实验室、中国质量研究院（徐州）分院、徐州安全产业技术研究院等安全产业科研基地，在灾害防治、预测预警、监测监控、个体防护等领域突破了一批关键技术；在标准体系方面，《机动车运行安全技术条件》（GB7258—2017）、《推广先进与淘汰落后安全技术装备目录（2017年）》、《营运客车安全技术条件》（JT/T 1094—2016）等不同领域的标准陆续出台，逐步解决安全技术装备标准缺失、滞后及交叉重复问题，促进安全科技进步和产品推广；在投融资服务体系方面，成立了总金额为30亿元的汽车安全产业投资基金、总金额为20亿元的陕西省安全产业发展投资基金以及民爆产业发展基金，为企业创新发展、安全产业园区建设和城市安全基础设施建设提供了金融支持；在产业链协作体系方面，相继落地了安全产业大数据平台、陕西省安全产业孵化器、国家安全生产监管监察大数据平台徐州基地等项目，为安全产业的协调发展提供了公共服务平台。

三、保障措施逐步完善

组织协调能力逐步加强。安全产业的发展已经逐渐得到了各部门的广泛关注和支持，工信部、国家安监总局、科技部等20多个相关部门加大了沟通协调，共同出台政策法规，加强整体设计和协调联动。江苏省、山东省等十余个省份形成了安全产业集聚发展区，出台了具体财税优惠、人才引进和招商引资政策，加大扶持力度。其中，安徽省合肥高新区率先成立了安全产业发展工作领导小组和专家咨询委员会，建立了研讨机制，定期研究安全产业发展重大问题、评估产业创新成果，加快推广示范应用。2018年1月4日，工业和信息化部、国家安全生产监督管理总局与江苏省人民政府签署了《关于推进安全产业加快发展的共建合作协议》，这是协调组织要素资源支撑安全产业快速发展、发掘区域经济增长新动能的重要举措。

国际交流合作力度逐渐增大。定期开展了安全产业国际交流合作，组织开展了国际会议、论坛等活动，加强技术、标准、人才等方面的交流与合作。2017年11月7日，2017中国（徐州）第七届安全产业协同创新推进会暨"一带一路"与"走出去"企业安全发展论坛在徐州举行，国内外相关机构、企业共同探讨安全产业发展新机遇、研究安全科技创新发展新路径。车载信息产业联盟与美国、俄罗斯、独联体国家、亚太地区等国家和地区展开了广泛合作，并就汽车主动安全技术、智能交通、车联网络等方面达成了共建意向。

人才引进和培养措施逐渐完善。合肥高新区构建安全产业人才培养和引进新机制，出台了"创九条"，年投入1.6亿元支持人才创新创业；徐州高新区与中国矿业大学合作，创新合作机制，双方建立了联席会议制度，加强信息的联系与沟通，研究探索安全产业科技成果转化和人才培养模式；新疆乌鲁木齐经开区（头屯河区）制定了鼓励驻区企业培养、引进和使用优秀人才办法，并提出了安全产业人才引进和培养的实施政策。

第三节　微观层面：建立安全产业投融资体系

2017年，安全产业投资基金地方、行业子基金相继成立。2017年6月21日，总金额为30亿元的汽车安全产业投资基金成立，将大力支持汽车安全产业和先进技术的发展，为培育本土汽车主动安全和智能驾驶方面公司提供资金支撑；2017年12月，陕西省安全产业发展投资基金正式成立，对陕西安全产业的快速发展起到重要支撑作用；2017年12月22日，民爆产业发展基金正式成立，民爆基金将坚持政府引导、市场化运作的原则，充分发挥资本主推作用，为民爆行业整合、安全发展作出巨大贡献。

2017年，各类安全产业投资基金项目也逐步落地。徐州安全产业投资基金共落地5个项目，使用资金7.9亿元，分别是徐工消防安全装备生产制造基地项目、常探火凤凰救援机器人智能制造基地项目、中安智慧建筑安全装备制造基地项目、东方恒基通用航空基地项目、祥华新能源汽车制造基地项目。合肥高新区设立了2亿元安全产业投资基金，用于发挥政府引导作用、开发专项金融产品。营口高新区成立了2家担保公司、4家小贷公司和2家银行分支机构，注册资本已达4.1亿元。围绕种子基金、创新发展基金等优势特点，完善支撑创新创业的金融服务功能，形成了"助保贷""履约保证保险"等安全产业创新融资新模式，提高金融对安全产业企业更好更快发展的支撑作用。

第二十八章 2017 年中国安全产业重点政策解析

第一节 《国务院办公厅关于印发〈安全生产"十三五"规划〉的通知》（国办发〔2017〕3 号）

一、政策要点

2017 年初，为贯彻落实党中央、国务院关于加强安全生产工作的决策部署，国务院办公厅印发《安全生产"十三五"规划》（以下简称《规划》），对我国"十三五"期间安全生产工作进行阶段性战略布局。《规划》分析了面临的形势，明确了指导思想、基本原则和规划目标，确定了七项主要任务和八大重点工程，并制定三项措施以保障《规划》顺利实施。

（一）"十三五"安全生产工作面临新挑战

1. 安全基础薄弱，新旧隐患交织。由于产业结构问题，我国生产力发展长期处于不平衡状态，安全管理手段、安全技术装备等的总体发展水平和发达国家相比尚有较大差距，安全保障能力还不能满足我国经济社会发展的安全需求。安全生产工作一些基础性、结构性、体制机制问题突出，部分地区和行业安全生产工作还不能做到自动自发、持之以恒地有效开展，有些安全工作流于形式，有检查时为应付检查不得不做，检查过后整改效果欠佳，安全状况的保持较难，导致我国安全生产形势时有反复，总体上还十分严峻。此外，随着新材料、新工艺、新设备和新技术的广泛应用，新隐患、新问题随之出现，安全生产工作经验的滞后性和局限性导致安全隐患排查、安全问题治理难度增加。加上我国高危行业比重大，落后工艺、技术、装备和产能的逐步退出需要相当长一段时期，当前新旧安全问题交织，增加了安全生产工作的复杂性。

2. 城镇化快速发展带来城市安全问题。一是我国城乡、区域发展不平衡，由此带来的基础公共服务、安全意识和法治意识等缺失问题突出，城市中的流动人口缺乏固定性、人员构成复杂、人员文化程度差距大，安全管理工作难度较高，全社会对安全生产形成统一认识问题难以解决；二是城市人口高度聚集，城市中人员密集场所数量较以往有大幅增加，加大了发生拥挤踩踏等群体性安全事故的风险，而人员密集场所一旦发生安全事故疏散施救困难，伤亡人数巨大，造成的社会影响往往十分恶劣；三是近年来新型建筑、高层建筑数量在城市中陡增，给安全管理工作尤其是消防安全管理工作带来挑战，原有的消防设备已难以应对新型建筑和高层建筑的严重火灾，城市消防安全管理、公共安全管理工作难度大。

3. 安全监管监察能力有待进一步提升。一是安全监管体制机制建设尚不完善，有赖于在我国安全生产领域改革发展中不断摸索，持续改进完善；二是安全监管执法的严肃性和权威性待增强，部分企业对安全监管执法持敷衍态度，企业违法成本待调整，以保障安全监管执法工作的有效性；三是安全监管监察工作的规范性待加强，目前监管监察手段的多样化、监管环节的闭环无缝、法律法规的建立健全、执法监督的执行等工作还不到位，规范性有待进一步加强。

（二）"十三五"期间要坚决遏制重特大事故

虽然国家采取多项措施着力解决安全生产突出问题，使近年来安全生产事故数量和死亡人数持续下降，但"十二五"期间，重特大事故仍时有发生，表明我国安全生产形势依然不容乐观。从统计数据看，道路交通、煤矿、危险化学品、消防等高危行业领域仍是我国重特大事故高发重灾区，与此同时，非传统高危行业领域近年也发生多起特大、重大安全事故，复合型事故增多，安全形势更趋严峻。习近平总书记曾就此作出重要指示：接连发生的重特大安全生产事故，造成重大人员伤亡和财产损失，必须引起高度重视。为贯彻落实习近平总书记重要指示，遏制重特大事故频发态势，《规划》将"坚决遏制重特大事故"确定为七大主要任务之一，根据"十二五"期间的重特大事故高发领域情况（部分特别重大事故情况见表28－1）划定了17个重点领域以重点管理其安全生产工作。

表28－1　"十二五"期间特别重大事故情况

	事故经过
2011年特别重大事故	7月22日凌晨4时左右，河南省信阳市境内一辆山东威海至长沙的中型客车（核载35人，实载47人）由北向南行驶至京珠高速河南信阳明港段938公里处发生火灾，共造成41人死亡，6人受伤。
	7月23日20时34分左右，浙江省温州市鹿城区双屿路段，D301次列车与D3115次列车发生追尾事故。造成40人死亡，191人受伤。
	10月7日16时许，唐山市交通运输集团公司所属一辆大客车（核载55人，实载55人）从河北省保定市驶往唐山市途中，在天津市境内滨保高速60km＋500m处与一辆小轿车（载3人）发生追尾相撞后，侧翻到路边的防护栏上并滑行100余米，共造成35人死亡，19人受伤。
	11月10日6时30分，云南省曲靖市师宗县私庄煤矿发生煤与瓦斯突出事故，事故发生时井下共有43人，全部遇难。
2012年特别重大事故	8月26日2时40分许，陕西省延安市境内包茂高速安塞段由北向南484公里95米处，内蒙古呼和浩特市运输集团公司一辆宇通牌大客车（核载39人，实载39人）与河南省孟州第一汽车运输公司一辆大货车（从榆林能化有限公司装载甲醇运往山东）追尾相撞，引发甲醇泄漏起火并引燃客车，造成36人死亡，3人受伤。
	8月29日17时左右，四川省攀枝花市西区正金工贸公司肖家湾煤矿发生瓦斯爆炸事故。共造成48人死亡。
2013年特别重大事故	3月29日22时36分许，吉林省通化矿业（集团）公司八宝煤矿发生一起瓦斯爆炸事故，事故共造成36人遇难。
	5月20日10时25分，山东省济南市章丘曹范镇境内，中国保利集团公司保利民爆济南科技有限公司乳化震源药柱地面站发生爆炸事故，造成33人死亡，19人受伤。
	6月3日6时许，吉林省德惠市吉林宝源丰禽业有限公司（禽类加工厂）发生火灾事故。此事故共造成121人遇难。

续表

	事故经过
2014年特别重大事故	3月1日14时50分，山西省晋城市境内（晋城—济源）高速公路，一辆甲醇运输车与一辆运煤车发生追尾，导致运煤车自燃，引发起火。该事故共造成40人死亡。
	7月19日凌晨3时许，沪昆高速湖南省邵阳市境内，一辆厢式小货车与一辆大客车发生追尾后燃烧。事故造成54人死亡、6人受伤。
	8月2日，江苏省昆山市中荣金属制品有限公司抛光车间发生粉尘爆炸特别重大事故，造成97人死亡。
	8月9日16时25分，西藏自治区拉萨市尼木县境内，一辆大巴车与一辆越野车和皮卡车碰撞，大巴车坠入悬崖，造成44人死亡。
2015年特别重大事故	5月15日，陕西咸阳市淳化县境内，发生特别重大道路交通事故，造成35人死亡。
	5月25日，河南平顶山市鲁山县康乐园老年公寓发生特别重大火灾事故，造成38人死亡。
	6月1日21时约32分，重庆东方轮船公司所属"东方之星"号客轮由南京开往重庆，当航行至湖北省荆州市监利县长江大马洲水道（长江中游航道里程300.8千米处）时翻沉，造成442人死亡。
	8月12日，位于天津市滨海新区天津港的瑞海国际物流有限公司危险品仓库发生火灾爆炸事故，造成165人遇难（其中参与救援处置的公安消防人员110人，事故企业、周边企业员工和周边居民55人）、8人失踪（其中天津港消防人员5人，周边企业员工、天津港消防人员家属3人），798人受伤（伤情重及较重的伤员58人、轻伤员740人）。

（三）强调责任体系的构建、完善和问责

我国安全生产工作责任体系长期存在几个问题：一是企业对安全生产主体责任意识不清，对政府管理依赖性过强，导致企业安全生产主体责任不落实、安全意识松懈、安全生产工作流于表面等问题突出，直接影响其安全生产工作的积极性和管理效果，造成事故频发；二是由于安全生产监管体制机制原因，制度体系不完善，监管手段单一，监管部门的监督管理职责落实困难；三是党委和政府的领导责任落实不到位，考核机制不健全，安全生产工作没有切实做到"党政同责"。

为解决以上问题，《规划》确定的首要任务即"构建更加严密的责任体

系"，这也是习近平总书记在多次关于安全生产工作的系列讲话中反复强调的。2015年8月，习近平总书记对切实做好安全生产工作作出重要指示：各生产单位要强化安全生产第一意识，落实安全生产主体责任，加强安全生产基础能力建设，坚决遏制重特大安全生产事故发生。2016年1月，习近平总书记在中共中央政治局常委会会议发表重要讲话，明确要求：必须坚定不移保障安全发展，狠抓安全生产责任制落实。要强化"党政同责、一岗双责、失职追责"，坚持以人为本、以民为本。

安全生产的预防和善后工作都很重要。构建完善的安全生产责任体系，明确职责，首先是为了各司其职，齐心协力做好安全工作；其次是为事故发生后彻查事故原因，向负有相关责任的责任人严肃追责，并做好整改和警示工作，以达到"一厂出事故、万厂受教育；一地有隐患、全国受警示"的效果。

二、政策解析

与"十二五"安全生产规划相比，《规划》呈现出几个特点。

（一）两个不变

一是"依法治理"的基本原则没有变。

2016年1月，习近平总书记对全面加强安全生产工作提出明确要求：必须强化依法治理，用法治思维和法治手段解决安全生产问题，加快安全生产相关法律法规制定修订，加强安全生产监管执法，强化基层监管力量，着力提高安全生产法治化水平。

法治观念淡薄是很多起安全生产事故的重要原因。事故发生后，反观设备是否制定了安全操作规程、操作人员是否按照操作规程进行了规范操作、发现隐患后是否及时上报排除、安全监管部门的检查和处罚是否认真对待等问题，一定能够在其中找到事故发生的原因。这些事故的发生，暴露出企业、员工无视规章制度、漠视法律法规的问题，也暴露出我国安全生产领域法治体系不健全、权威性欠缺的短板。

安全生产是关系人民群众生命财产安全的大事，有必要以"重典"治理当前"乱象"。《规划》仍将"依法治理"作为基本原则指导我国"十三五"

时期安全生产工作，以推动尽快实现法治思维、手段的全覆盖。党的十八大以来，多项法律条例推进落实，多条专项措施出台，安全生产立法体制机制得到了很大改善：《矿山安全法》《安全生产法实施条例》《生产安全事故应急条例》等立法工作稳步推进；建立了以11部有关专项法律、3部司法解释、20余部国家行政法规、30余部地方性法规、100余部部门规章、近400部安全行业标准为支撑的安全生产法律法规标准制度体系。新《安全生产法》颁布实施后，已有违法违规企业受到法律严惩：山东昌邑石化有限公司被查出存在违法违规问题2项，被开出1208万元的天价罚单；湖南长沙金苹果饲料有限公司因存在重大隐患、拒不执行安监部门停产停业决定，被采取停止供电等强制措施……法律的严肃性、权威性日渐稳固。"十三五"期间，安全生产法制体系还将在《规划》布局下进一步完善并发挥更大的安全保障作用。

二是对职业健康的一贯重视没有变。《规划》首要任务是"构建更加严密的责任体系"，在强调"强化企业主体责任"时不仅要求企业的安全生产主体责任，还增加了职业健康作为补充，与安全生产主体责任一同构成企业负责人的全面责任，除生命权以外，更加注重人民群众的健康权，更多地体现了以人为本。同时，《规划》要求"加强安全生产与职业健康法律法规衔接融合"，旨在推进职业健康法律法规体系的建立健全，逐步形成安全生产、职业健康两大相对独立又紧密相连的工作体系。

（二）几个变化

一是更加重视监管监察能力建设。根据"十二五"期间安全生产工作难点、重点以及工作进展等安全生产工作的新情况，《规划》调整了重点工程的顺序，将"监管监察能力建设"列为"十三五"时期第一项重点工程。

二是更加重视安全投入对安全生产工作的保障作用。在保障措施中，《规划》特意将"完善投入机制"列为安全生产工作的重要保障措施，以做好安全生产的强基固本工作。安全投入是安全生产工作长效机制的重要保障。党的十八大以来，党和国家全面推进安全投入建设：2015年，国家专门设立了安全生产预防及应急专项资金，3年滚动安排89亿元；《安全科技"四个一批"项目管理办法》《淘汰落后与推广先进安全技术装备目录管理办法》等文件发布，让保障安全的项目有了支撑；国家安全生产监督管理总局在246

家企业开展了试点工作，减少了危险岗位用工 9108 人；专款购买安全服务、提高科技技术创新、加强宣传教育培训等提高安全投入的方式都对安全生产工作的顺利进行发挥了一定的保障作用。

三是提出风险防控能力建设。习近平总书记在 2016 年 7 月中共中央政治局常委会会议上发表重要讲话时强调，"要加强城市运行管理，增强安全风险意识，加强源头治理。要加强城乡安全风险辨识，全面开展城市风险点、危险源的普查，防止认不清、想不到、管不到等问题的发生"。作为源头治理的重要组成部分，安全生产事前预防工作越来越被重视，风险防控能力建设是预防工作不可缺少的重要一环。《规划》将煤矿技术改造、建设智慧矿山、危险化学品重大危险源普查与监控等安全产业的重要内容划归风险防控能力建设，将对安全产业发展起到较好的推动作用。

（三）几个亮点

一是重视信息技术的预警监控能力。随着人工智能等信息技术的突飞猛进和向越来越多的行业渗透，信息技术将在未来安全生产工作中发挥更多的主动作用。信息技术的预警作用已在安全生产工作中得到了较好的实现，但监控能力还有赖于公共基础设施的逐步覆盖、监控设施控制功能的不断完善等才能得以实现。信息技术的监控工作作为安全生产技防的重要手段，如果控制功能无法实现，则只是人防手段的延续，并未充分发挥技防的快速、准确、低成本等优势。《规划》提出建设安全生产信息大数据平台，"十三五"期间将首先在矿山、道路交通、渔业船舶和民航运输等事故多发领域试水。

二是明确要继续推进产业园区建设。安全产业园区是产业发展的载体和根本。"十二五"期间，我国安全产业示范园区（基地）发展良好，产业集聚发展效果明显，多个省市积极投入安全产业示范园区（基地）创建工作，其中江苏徐州高新区表现尤为突出，率先完成创建工作，被工业和信息化部、国家安全生产监督管理总局联合授予"中国安全产业示范园区（基地）"称号。《规划》要求，继续开展安全产业示范园区创建，制定安全科技成果转化和产业化指导意见以及国家安全生产装备发展指导目录，加快淘汰不符合安全标准、安全性能低下、职业病危害严重、危及安全生产的工艺技术和装备，提升安全生产保障能力。"十三五"期间，安全产业园区的集聚效应和带动作用有望得到持续释放。

三是首提城市安全能力。与"十二五"规划相比，17 个事故多发重点领域变化。"城市运行安全"首次出现并被列为事故多发重点领域，这是为解决随着我国城镇化进程不断发展出现的安全新问题划定的需要重点监控的新领域。《规划》中城市安全能力建设主要包括危险化学品搬迁和基础设施、数据平台的完善，通过重点监控城市安全运行风险和基础设施建设、规范人员密集场所活动等提升城市安全保障能力。

表28-2 "十二五"和"十三五"时期安全生产规划确定的事故多发重点领域对比

	事故多发重点领域
"十三五"规划（共17个）	煤矿、非煤矿山、危险化学品、烟花爆竹、工贸行业、道路交通、城市运行安全、消防、建筑施工、水上交通、渔业船舶、特种设备、民用爆炸物品、电力、铁路交通、民航运输、农业机械
"十二五"规划（共17个）	煤矿、道路交通、非煤矿山、危险化学品、烟花爆竹、建筑施工、民用爆炸物品、特种设备、工贸行业、电力、消防（火灾）、铁路交通、水上交通、民航运输、农业机械、渔业船舶、职业健康

四是首提"安全文明"。在习近平总书记"国家总体安全观"的新提法下，《规划》将安全舆论引导、专业人才培养、安全文化宣传等做好安全生产工作的软力量打包为"十三五"期间新重点——安全文明，大力推动其意识先行、主观能动的安全保障作用发挥，有望建成与物质文明、精神文明、政治文明、社会文明和生态文明同等重要的中国特色社会主义"第六个文明"。

第二节　《国务院安全生产委员会关于印发〈道路交通安全"十三五"规划〉的通知》

（安委〔2017〕5 号）

2017 年 8 月 8 日，国务院安全生产委员会印发了《国务院安全生产委员会关于印发〈道路交通安全"十三五"规划〉的通知》（安委〔2017〕5号），《道路交通安全"十三五"规划》（以下简称《规划》）正式发布。《规划》回顾并分析了"十二五"期间道路交通安全工作和道路交通安全现状，分析了"十三五"期间道路交通安全工作将面临的形势和主要问题，根据我国道路交通安全生产领域的有关法律及相关规定，参考了公安部、交通运输部等相关部委"十三五"期间的相关政策和规划，明确了"十三五"时期我国道路交通安全工作的指导思想、规划目标、主要任务、重大工程，对切实提高我国道路交通安全水平具有重大意义。

一、政策要点

（一）《规划》提出了"十三五"期间道路交通安全工作的七大主要任务

《规划》主要任务涵盖体制机制、交通参与者、车辆、道路、管理执法、应急救援、科技支撑七大方面，每个方面的任务中又包含多项具体任务。第一，完善道路交通安全责任体系。主要包括进一步强化地方党委、政府和部门责任，强化企业安全主体责任，推动道路交通安全社会共治，形成地方党委政府、相关职能部门、相关企业、相关行业/领域的多层次多方位社会共治。第二，提升交通参与者交通安全素质。主要包括健全交通安全宣传教育体系，持续深入开展交通安全宣传教育，提升驾驶人交通安全意识和驾驶技能，建立道路交通参与者交通安全信用体系，促进交通参与者交通安全素质的全面提升。第三，提升车辆安全性。主要包括加强机动车本质安全管理，加强机动车动态安全监管，强化电动自行车安全监管，加强低速电动车源头管理。第四，提升道路安全性。主要包括强化道路安全标准规范的贯彻实施，全面推行道路安全性评价，持续深入实施公路安全生命防护工程，提高城市道路安全设施建设配置水平，全面提升道路本质安全。第五，提升道路交通安全管理执法能力。主要包括完善道路交通安全法律法规，提升交通安全监管效能，加大道路交通安全执法力度，提高道路交通安全执法能力。第六提升道路交通应急管理与救援急救能力。主要包括完善道路交通应急处置指挥联动机制，加大道路交通应急管理投入，加强道路交通事故处理能力建设，加强道路交通事故救援能力建设。第七，提升道路交通安全科技支撑能力。主要包括加强道路交通安全基础理论与技术研究，加强道路交通安全研究成果转化和资源共享，加强道路交通安全大数据应用，加强道路交通事故深度调查和数据采集应用。

（二）《规划》要求"十三五"期间建设实施六项重大工程

建设实施重点工程旨在充分发挥其载体作用，推动各地区、各部门加大安全投入，在解决道路交通安全工作重点问题、难点问题上实现突破，推动《规划》取得实效。第一，道路交通安全文化建设工程。建设道路交通安全文化公园和道路交通安全宣传教育基地，建设国家级道路交通安全文化传播机构，开展大型客货车驾驶人职业教育。第二，重点车辆安全性提升工程。提升大型客货运车辆安全性，建设全国重点车辆交通安全管控体系，提升危险货物道路运输安全水平。第三，重点道路设施安全提升工程。全面实施公路安全生命防护工程，规范建设农村公路交通安全设施，提升高速公路路网监测设施覆盖率。第四，道路交通安全主动防控体系构建工程。实施道路交通安全风险分级管控，深化国家主干公路交通安全防控体系建设。第五，高速公路交通应急管理能力提升工程。推动实施重大事件现场应急救援与远程协助，建设国家级道路交通突发事件应急救援综合实训演练场所，建设高速公路交通事故应急救援体系。第六，道路交通安全科技应用与数据共享工程。建设国家智能交通综合测试基地，机动车电子标识区域综合示范应用，建设跨部门、跨行业的数据共享及服务平台。

二、政策解析

（一）《规划》与《安全生产"十三五"规划》紧密衔接

《规划》是我国第二个道路交通安全专项五年规划，与《道路交通安全"十二五"规划》相比，《规划》不再只是安全生产五年规划的子规划，而是将道路运输安全生产领域、道路交通公共安全领域兼顾考虑的、立足于我国道路交通安全管理实际的、旨在全面提升我国道路交通安全管理水平的专项规划。"十二五"期间，道路交通安全形势总体平稳，重特大道路交通事故明显减少。然而，我国道路交通安全管理基础比较薄弱，仍然存在不少基础性的老大难问题，道路交通事故总量依然很大，群死群伤道路交通事故仍然多发频发。"十三五"期间，交通事故预防工作压力将进一步增大。同时，城市交通拥堵、出行难等问题可能会加剧，对道路交通安全工作提出了更高的要求。为此，《规划》与《安全生产"十三五"规划》在目标、任务、重大工程等设置上保持了紧密衔接，依据"十三五"期间的道路运输安全需求和公共安全需求，将主要任务分为了道路运输安全生产领域、道路交通公共安全领域，其中道路运输安全生产领域的规划任务是对《安全生产"十三五"规划》中相关内容的细化和延伸。

（二）《规划》提出了当前道路交通安全生产工作面临的主要问题

"十三五"期间我国将实现全面建成小康社会宏伟目标，机动车、驾驶人及道路交通流量等仍将处于高速增长期，道路交通安全生产工作依然面临严峻挑战。在道路交通安全管理体制机制方面，政府主导、多部门共同参与的道路交通事故预防体系基本形成，但道路交通安全责任体系尚需进一步细化健全，部门间协作机制需要进一步完善。在交通参与者方面，道路交通安全宣传教育社会化格局初步形成，但系统化的道路交通安全宣传教育仍然缺失，广大交通参与者安全意识、文明交通理念明显滞后于机动化发展进程。在车辆安全性方面，车辆生产、销售源头管理不到位，生产一致性管理需进一步加强，部门间信息交流机制及方式需完善。在道路安全性方面，道路规划、设计、建设、运营全过程的安全监管有待进一步加强。在道路交通安全管理执法方面，道路交通安全法律法规体系尚需进一步完善。在应急管理与救援急救方面，道路交通应急管理机制不完善，应急管理联动体制尚未健全，应急救援社会化机制尚未建立。在科技支撑方面，道路交通安全基础理论、关键技术、先进装备研发不足，产学研用结合不够，科研成果转化程度低，不能满足道路交通安全管理实战需求。

（三）《规划》为"十三五"期间道路交通安全生产工作设置了具体目标

《规划》设置的目标分为两个层次，一是总体目标，包括道路交通安全管理体制机制和法律法规体系更加健全、道路交通安全基础设施和车辆安全性明显改善、交通安全执法管理效能明显提升、以信息共享为基础的部门协作机制基本形成、交通参与者交通违法率明显减少、交通事故得到有效防控并呈现有规律的稳定状态且重特大道路交通事故稳中有降。二是量化目标，包括道路交通事故万车死亡率下降4%以上、营运车辆万车死亡率下降6%、较大以上道路交通事故起数下降8%以上。道路交通事故万车死亡率是国际上普遍采用的反映道路交通安全水平的相对指标，比死亡人数更具科学性；其中

"营运车辆万车死亡率下降6%"是对道路运输安全生产领域的交通事故提出的明确目标，与《安全生产"十三五"规划》中的道路交通事故考核指标一致；群死群伤交通事故是党委政府、社会公众关注的重点，选择较大以上事故下降率作为考核指标，具有现实意义，有助于促进我国交通事故预防工作水平的快速提升。

第三节 《科技部国家安监总局关于发布安全生产先进适用技术与产品指导目录（第一批）的公告》（科学技术部公告2017年第1号）

一、政策要点

（一）出台背景

根据《中华人民共和国安全生产法》"国家鼓励和支持安全生产科学技术研究和安全生产先进技术的推广应用""国家对严重危及生产安全的工艺、设备实行淘汰制度"等规定，为贯彻落实《中共中央国务院关于推进安全生产领域改革发展的意见》精神和要求，进一步加快安全生产先进适用技术与产品的成果转化和推广应用，引导企业采用先进适用技术与产品，提升科技对防范和遏制安全生产事故的保障支撑能力，科技部、国家安监总局组织编制了《安全生产先进适用技术与产品指导目录（第一批）》，《指导目录》涵盖了煤矿安全、非煤矿山安全、危险化学品安全、职业病危害、综合及其他等5个方面，共27项技术成果，均为我国安全生产领域当前迫切需要的相关技术、工艺和装备，具有较好的实用性。同时，供各类企业、财政投资或产业技术资金、各类安全生产领域的公益、私募基金及风险投资机构等用户在安全生产技术升级改造和投资时参考。

（二）主要内容

《指导目录》涵盖了煤矿安全、非煤矿山安全、危险化学品安全、职业病危害、综合及其他等5个方面，共27项技术成果。在煤矿安全方面，重点推广采煤机无人化自动截割控制技术等 16 项产品与技术；在非煤矿山安全方面，重点推广气密封特殊螺纹连接套管等 2 项产品与技术；在危险化学品安全方面，重点推广压力容器全寿命风险控制的设计制造技术等 5 项产品与技术；在职业病危害方面，重点推广铜磷合金无害化生产工艺及装置等 2 项产品与技术；在综合及其他方面，重点推广地铁防灾系统热烟测试关键技术等 2 项产品与技术。

其中，"机械化换人、自动化减人"是今后一个时期内，安全生产科技创新的中心工作，《指导目录》作了系统部署，以机械化生产替换人工作业、以自动化控制减少人为操作，实现"无人则安，少人则安"，从本质上防范和遏制重特大事故。同时，"机械化换人、自动化减人"也是安全生产科技创新向远程遥控、智能化操作发展的强大动力。此次煤矿安全生产先进适用技术装备推广，旨在鼓励和支持适合的新产品与新技术尽快得到实际应用，从而加快提升煤矿灾害防治技术水平，有效防范遏制煤矿重特大事故，推动中国"智慧矿山"的建设。

二、政策解析

（一）《指导目录》适时出台

贯彻落实科技创新战略的重要举措。科技创新是国家重大发展战略。安全生产科技创新是遏制重特大事故的重要支撑。当前，安全生产工作进入新的阶段，安全科技不断攻关，其研究成果不能只停留在纸面上，其成果和技术的实用性最终要通过示范工程来检验，让其可以复制推广，才能将安全科技转变为现实的生产力。

提高国家安全生产水平的迫切需要。随着新材料、新工艺、新装备以及新一代信息技术的融合发展，应用于安全生产领域的新技术、新产品、新业态、新模式将不断涌现，必将淘汰落后、不安全的生产工艺、技术和产品。随着"机械化换人、自动化减人""少、无人化智能生产线"以及智能工厂建设的全面展开，将催生大量的新技术、新产品、新应用、新模式。

增强社会保障能力的必然要求。大力开发推广使用先进、高效、可靠、实用的专用技术和产品，是政府保障人民生命财产安全和社会稳定的物质基础，势必更好地增强全社会安全保障能力。通过产业化推进同类安全技术、装备通用化、标准化、系列化，形成规模化发展，进一步提升产业集中度，降低产品和售价，惠及广大企业用户，才能真正成为政府保障人民生命财产安全和社会稳定的物质基础。

为安全产业投资基金遴选项目提供依据。资金短缺是安全技术与装备推广过程中的最大瓶颈。2015 年 11 月，在工信部、国家安监总局指导下，国内首只安全产业发展投资基金适时成立，规模达 1000 亿元。该基金拟重点支持解决安全生产领域的共性、关键技术难题的新技术、新成果、新装备推广应用，提升我国安全技术和装备的整体水平。《指导目录》的出台将为安全产业投资基金支持先进安全技术和产品遴选提供依据。

（二）《指导目录》出台的重要意义

先进适用，重点发展。以高危行业和领域为重点，坚持需求牵引、问题导向。筛选对于安全生产事故防治切实有效、先进适用的新工艺、新技术、新装备加以推广。采取竞争性发展方式，"多中选好、好中选优"，不搞平衡，确保推广应用的项目真正符合实际需求。

创新机制，示范引领。坚持企业主体、协同创新，注重发挥市场配置资源的决定性作用。鼓励安全生产的高危行业、重点领域先行先试，重点创新推广应用的体制机制，探索有效模式，形成可复制、可推广的典型经验。

诚实守信，互惠互利。充分利用现有的社会化、专业化和网络化的技术市场服务体系，发挥企业、研究机构、高等院校等各方面优势，引导和推动各参与方在在诚实守信、平等自愿、合作共赢的基础上开展科技成果研发、转化和推广应用工作。

热 点 篇

第二十九章　党的十八大以来我国
安全产业发展综述

第一节　事件回顾

党的十八大以来，习近平总书记作出一系列重要指示，深刻阐述了安全生产的重要意义、思想理念、方针政策和工作要求，强调必须坚守发展决不能以牺牲安全为代价这条不可逾越的红线，明确要求"党政同责、一岗双责、齐抓共管、失职追责"。李克强总理多次作出重要批示，强调要以对人民群众生命高度负责的态度，坚持预防为主、标本兼治，以更有效的举措和更完善的制度，切实落实和强化安全生产责任，筑牢安全防线。

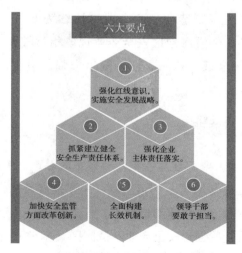

图 29-1　习近平总书记关于安全生产工作系列重要讲话的六大要点

《关于促进安全产业发展的指导意见》《中共中央国务院关于推进安全生产领域改革发展的意见》等安全生产领域里程碑式文件纷纷出台，《安全生产法》也针对新的安全生产形势及问题进行了修订。

习近平总书记和李克强总理的重要指示批示，为我国安全生产工作提供了新的理论指导和行动指南，党中央、国务院对安全生产工作的严格要求和决策部署，为我国安全产业发展奠定了良好的政策基础，营造了有利的发展环境，开拓了广阔的市场空间。全国上下对安全生产工作的关注度空前高涨，全社会对关系自身生命和财产安全的安全生产工作认可度陡增，这些利好无一不指向安全生产工作的供给侧——安全产业。

一、产业规模不断扩大

自 2012 年《关于促进安全产业发展的指导意见》（以下简称《指导意见》）出台后，在全社会对安全生产工作的广泛关注下，我国安全产业发展稳步推进，取得了较好的发展成绩。当前，我国安全产业已经初具规模。根据工信部对全国安全产业调查的不完全统计，安全产业 2012 年销售收入约 2066 亿元，全国从事安全产业的企业达 1500 多家；截至 2017 年，我国安全产品年销售收入已超过万亿规模，从事安全产品生产的企业超过 4000 家，其中有 380 家以上的上市企业，制造业生产企业占比约为 60%，服务类企业约占 40%。从区域来看，东部沿海地区安全产业规模相对较大，部分优秀企业迅速崛起，销售额逐年增长，利润丰厚，竞争力强，引领区域安全产业快速发展。

二、集聚发展效应明显

《指导意见》提出，要"建立一批产业技术成果孵化中心、产业创新发展平台和产业示范园区（基地）"。为落实这一主要发展目标，自 2013 年起，在国家安监总局、工业和信息化部的指导下，江苏徐州、辽宁营口、安徽合肥、山东济宁等城市先后开始创建安全产业示范园区（基地），目前这些园区建设已初具规模，正进入快速发展阶段。

图 29 – 2　我国安全产业示范园区（基地）分布示意图

资料来源：赛迪智库整理，2016 年 9 月。

表 29 – 1　我国四个安全产业示范园区（基地）情况简介

园区	创建时间	特色
徐州安全科技产业园	2013 年	● 以其较好的煤炭工业基础、丰富的高校科研资源、优越的地理位置和巨大的市场需求，主攻矿山安全科技和矿山物联网技术。 ● 科研实力雄厚。 ● 区位优势明显。
合肥国家高新技术产业开发区	2014 年	● 结合园区的新一代信息技术优势和其交通安全产业、矿山安全产业、火灾安全产业、电力安全产业及信息安全产业等五大产业集群的布局特点，重点以信息技术为突破口发展安全产业。 ● 科研基础扎实。 ● 基础设施和综合配套完善。
中国北方安全（应急）智能装备产业园	2015 年	● 凭借雄厚的装备制造产业基础和独特的区位优势，着力发展安全装备产业。 ● 科研资源丰富。 ● 海、陆、空交通便捷。
济宁高新区安全产业园区	2016 年	● 安全产业企业主要集中在装备制造领域，产品主要属于工程机械、矿山安全产品和应急处置救援产品等细分领域。 ● 安全服务企业较少，但惠普软件产业基地为软件服务在安全产业领域成长提供了良好条件。

资料来源：赛迪智库整理，2018 年 1 月。

三、科技引领，创新驱动

"科技是第一生产力"在安全产业发展过程中始终被高度践行。许多安全生产技术与装备属于传统行业，以智能制造和"互联网＋"为引领，先进制造技术和新一代信息技术正在对传统安全技术与装备进行渗透、改造和提升。党的十八大以来，道路交通、建筑施工、市政管网、消防化工、应急救援等事故多发易发重点领域针对各自安全生产情况和特点，对一些安全保障关键技术进行重点研发攻关，推出了一批重点产品和项目，较好地引领了行业安全保障。

除安全技术创新外，我国安全产业投融资模式创新，保险业与产业合作模式创新等也在多方尝试。设立安全产业发展投资基金是促进安全产业投融资体系创新的实质性举措，将驱动安全产业进一步发展。为贯彻落实《中共中央国务院关于推进安全生产领域改革发展的意见》（中发〔2016〕32号）关于健全投融资服务体系、引导企业集聚发展安全产业的重点任务要求，国内首只专注于道路交通安全领域的风险投资基金——汽车安全产业发展投资基金于2017年6月21日在北京成立；同年12月，第二只行业性安全产业发展投资基金——民爆产业发展基金在京成立；而在2016年10月，我国首只地方安全产业发展投资基金就已经率先落户徐州，该基金重点支持安全领域新技术、新产品、新装备、新服务业态的发展。这些基金的成立是在2015年11月工信部、国家安监总局、国家开发银行、平安集团签署《关于促进安全产业发展战略合作协议》框架下，通过产融结合促进安全产业发展的有益尝试，对于探索行业资金、地方政府与社会资本合作模式，推进安全产业发展具有重要意义。

四、推动安全保障水平稳步提升

以道路交通领域安全水平提升为例，我国道路交通事故伤亡高居安全事故首位，解决这一难题对我国安全生产形势好转至关重要。在利用信息技术提升道路交通安全水平方面，我国尝试运用互联网技术提高交通安全路、车、人三方面的本质安全水平改善交通安全。2016年，互联网在交通安全方面以道路运输重点营运车辆管理平台完善、车联网＋汽车主动安全防撞系统应用、新型安全智能远程实时监控、防撞护栏建设等为重点，大力促进智能交通安全水平的提升。

五、我国安全产业发展仍存在几个问题

（一）规模较小，龙头企业缺乏

从产业规模看，我国安全产业与经济发达国家相比尚属于弱势产业，产值占比较小，具有国际竞争力的大型龙头企业缺乏。究其原因：一是尽管明确规定了安全产业的定义，但政府相关部门及企业对安全产业认可度相对较低；二是国家统计局目前尚未有安全产业的专门统计口径，国家发改委也没有该产业目录。产业的社会认可度缺失，影响和制约了安全产业的发展。从实际情况看，以安全产业发展较好的合肥为例，安全产业为合肥高新区第二大产业，但与园区产值第一的家电制造产业相比相差甚远；产业园虽拥有中国电科38所、四创电子等电子行业内翘楚，但其余数百家企业主营业务收入不足家电制造企业的三分之一，而且尚未有国际一流的安全产业巨头入驻园区，产业集聚效应尚需进一步加强。

（二）高端专业人才短缺

人才的储备是一个国家和地区软实力的重要标志，也是影响产业发展的决定性因素之一。我国职业教育、高等教育体系对安全产业的重视程度不够，社会培训教育力量不足、力度不够，社会对安全产业专业人才的价值评估存在偏差等问题导致安全产业虽然从业人员众多，但决定产业核心竞争力的掌握高端技术和管理能力的专业人才短缺。在"一带一路"、制造强国战略的时代背景下，安全产业"走出去"和安全装备高端制造领域需要的具有综合能力的高端人才则更为紧缺。

（三）细化落实政策缺失

安全产业各项支持政策急需制定细化落实细则。安全产业统计口径尚未划定，安全产品多项标准缺失或仍不完善，国家财政、金融、税收、保险等支持政策的指向不够明确，尚未在安全产业发展中发挥应有的推动作用。例如，保险业与安全产业是一对天生的合作伙伴，并且在国外已取得了一定的

发展。但目前我国企业投保的积极性不高，覆盖率较低，且险种较少。安全生产责任险也多集中在高危行业，亟待向其他领域扩展。应增加强制手段，强化对企业主体责任的要求，减轻对从业人员的保险责任要求，加大保险费率浮动与上年度安全生产状况挂钩力度等。

（四）体制机制待完善

由于安全产业顶层设计不够，促进安全产业发展的体制机制亟待完善。国家层面工信和安监部门配合较好，而在地方则缺少必要的协调机制，特别是由于国家安全监管体制和处罚机制的影响，各级工信部门对于"安全"问题重视不够，没有明确与部级管理部门相对应的安全产业负责部门，也直接影响到促进安全产业发展上下沟通机制的建立健全。同时，在支持安全产业发展中，也缺乏与其他部委沟通联络机制，不能很好地利用各方面资源促进安全产业发展。

第二节　事件分析

一、安全产业发展离不开全社会的共同关注

（一）党和国家、地方和领导的重视

党的十八大以来，在党中央和国务院高度重视下，在习近平总书记、李克强总理多次就安全生产工作所作的重要指示批示和讲话精神指导下，在工信、安监等有关部门努力宣传、奋力工作下，全社会积极关注安全事业，安全产品需求大幅增长，安全产业发展借助"全国上下齐心保安全"的有利条件，从萌芽期跨步进入快速发展期。

（二）社会对安全产业的认可和需求

工信部门是产业发展的管理部门，是安全产品的供给侧；安监部门是安全产品、技术、设备及服务的使用部门，是安全产业的需求侧。供给侧和需求侧的供给通道打通后，形成全社会对安全产业的统一认知和巨大合力，推

动安全产业发展。

（三）安全产业发展需要各部门积极合作

安全产业事关人民群众生活的方方面面，推动产业发展仅靠单一部门之力很难实现。政策部门、金融部门、行业管理部门的密切合作，省级、市级乃至区县级地方政府和积极配合，是安全产业得以顺利发展的重要前提。

二、党的十九大后，安全产业将继续乘政策东风迎来新发展

人民美好生活需要日益广泛，不仅对物质文化生活提出了更高要求，而且在民主、法治、公平、正义、安全、环境等方面的要求日益增长。党的十九大报告要求"树立安全发展理念，弘扬生命至上、安全第一的思想，健全公共安全体系，完善安全生产责任制，坚决遏制重特大安全事故，提升防灾减灾救灾能力"，这个要求的实现离不开安全产品和技术的进步，离不开安全装备和服务的普及。发展安全产业，能在一定程度上使人民的获得感、幸福感、安全感更加充实、更有保障、更可持续，党的十九大后安全产业发展将乘政策东风迎来新发展。

（一）安全产业集聚发展势头强劲

安全产业园区建设是安全产业企业集聚发展的载体和根本。为贯彻落实《国民经济和社会发展第十三个五年规划纲要》、国家重大区域发展战略、制造强国战略等有关部署，进一步做好国家新型工业化产业示范基地创建和经验推广，在更高层次上发挥示范基地引领带动作用，2016 年 7 月，工业和信息化部、财政部、国土资源部、环境保护部和商务部五部委联合印发《关于深入推进新型工业化产业示范基地建设的指导意见》（工信部联规〔2016〕212 号），指导和促进产业集聚区规范发展和提质增效，推进制造强国建设，其确定的指导思想之一就是要坚持绿色安全发展。在"推进产业升级，发挥示范基地引领带动作用"这项重要任务中，具体到支持"新产业、新业态示范基地"创建，《意见》要求，要从关键技术、装备、产品和服务等方面，培育高效节能、先进环保、资源循环利用、安全产业、应急产业等新产业和新业态，促进创新链、产业链与服务链协同发展。有序推进安全产业园区（基地）创建工作，既是做好我国安全生产工作的一个重要途径，也是落实我国

制造强国大政方针的具体行动之一。《安全生产"十三五"规划》明确了要继续开展安全产业示范园区，《安全产业示范园区（基地）管理办法》已进入征求意见阶段，全国多个城市对安全产业示范园区（基地）创建工作热情高涨，"十三五"安全产业集聚发展可期。

（二）模式创新激发产业发展活力

部省合作、产业投资基金、政府和社会资本合作、保险业与安全产业合作等新型产业发展模式在安全产业发展中被积极尝试，安全产业作为战略性新兴产业，不断打破产业发展旧有藩篱，采用产业发展的新模式将激发产品技术创新、装备设备升级改造的新活力，为我国工业稳增长促改革调结构惠民生增添新动能。这些产业发展模式的创新，也深刻践行了《中共中央国务院关于推进安全生产领域改革发展的意见》中"健全投融资服务体系作为引导产业发展的核心"，未来安全产业有望成为投融资支持的亮点。

表 29 – 2　安全产业投资 1000 亿元基金支持的主要方向

主要方向	具体内容
先进安全技术、产品（装备）研发与产业化项目	与安全生产、防灾减灾、应急救援紧密相关，具有自主知识产权，对防范和遏制各类安全事故、提高本质安全水平具有良好效果的技术与产品，包括：先进安全材料、先进个体防护产品、应用于高危场所作业的智能装备、安全部件、本质安全工艺技术和系统、防爆电器等专用安全产品，以及安全监测、防护、救援技术与产品等
智能交通主被动安全技术、产品研发与产业化项目	包括：先进的汽车高级辅助及自动驾驶系统、行车环境与驾驶员状态监测/监控/警报系统、驾驶员与车辆认证/管理/服务系统、减轻碰撞伤害技术、防止碰撞火灾扩大等技术、紧急救援系统和检验检测平台等汽车主被动安全产品（装备），面向火车、船舶、飞机等交通工具的智能主被动安全产品等
高危行业安全技术改造项目	有利于促进煤矿、矿山、危化品等高危行业安全隐患治理，提高企业安全生产工艺技术和装备水平，提升企业安全生产事故预测预警能力的项目，包括：民爆、化工等危化品企业安全技术改造项目，城镇人员密集区域高危产品生产经营企业搬迁改造项目等
安全产业领域内企业的兼并重组项目	企业以兼并、合并、重组、资产收购、参股、控股、联合经营、合资合作等多种方式开展的兼并重组项目
公共安全基础设施建设项目	包括开发区、工业园区、港区等功能区以及城市社区、公路交通等安全基础设施建设项目
安全产业投资子基金类项目	包括地方安全产业发展投资子基金、行业安全产业发展投资子基金等

资料来源：赛迪智库整理，2017 年 2 月。

为配合安全产业投资基金支持先进安全技术和产品的需要，工信部和国家安监总局将研究制定《安全产业投资基金项目遴选管理办法》。具体办法是通过地方工信、安监等部门，有关中央企业、部委直属单位、相关协会，征集先进安全技术与产品、高危行业安全技术改造、安全产业领域内企业的兼并重组、地方安全产业投资子基金等四个方面为安全生产、防灾减灾、应急救援等安全保障活动提供支撑的项目。

第三十章 "8·10"京昆高速特别重大道路交通事故

第一节 事件回顾

2017 年 8 月 10 日 23 时 34 分，河南省洛阳交通运输集团有限公司豫C88858 客车（核载 51 人，实载 49 人）由四川成都出发前往河南洛阳，当车辆沿京昆高速公路行驶至陕西安康境内秦岭一号隧道南口（1164 公里 930米）处时撞至隧道口外右侧山体护墙，导致车辆严重变形损毁，共造成包括两名儿童在内的 36 人死亡、13 人受伤，其中危重 8 人、重伤 4 人、轻伤1 人。

8 月 12 日上午，国务院陕西安康京昆高速"8·10"特别重大道路交通事故调查组正式成立。调查组由国家安监总局牵头，公安部、监察部、交通运输部、全国总工会、陕西省政府负责人及有关地方、部门人员和专家组成，并邀请最高人民检察院派有关负责同志参加事故调查。

据海事大学交通工程专业副主任钱红波教授分析，该事故的主要原因可能有二：一是驾驶员长时间行驶造成的疲劳驾驶或分神，将车开出正常行驶道；二是由于出事时间比较晚，乘客大多处于熟睡状态，没有系安全带，也无法做出防范措施或应急动作。除此，部分专家表明发生事故的京昆高速隧道口设计不合理，三条车道加一条应急车道构成的高速路段，至隧道口处直接并为两车道，并没有在变道处前段修建变道地灯、水马墙、引导护栏等有助于告知司机前方路段收窄的设计。同时，第三车道和应急车道设计成为断头路，隧道口黄色反光标识与隧道内暖色灯光易产生混淆，在此情况下，高速行驶、不熟悉路段、疲劳驾驶的驾驶员经过该路段时均将面临较大风险。

第二节 事件分析

一、重特大交通事故频发，道路安全形势依然严峻

随着我国车辆保有量的不断增加，我国道路交通安全形势越发严峻，营运车辆重特大事故多有发生。据交通运输部统计，2017 年 1—4 月，我国道路运输领域发生较大以上等级行车事故起数和死亡人数较 2016 年同期明显上升，分别增加了 12.2% 和 16.2%。其中，由于"两客一危"重点营运车辆发生事故后果普遍较为严重，故我国对其道路交通安全水平重视程度极高，但 2017 年仍有涉及"两客一危"的重特大事故发生。2017 年，仅国务院安全生产委员会挂牌督办的重大道路交通事故即有 11 起，多为"两客一危"重点营运车辆。

表 30 – 1　2017 年国务院安委会挂牌督办的重特大道路交通事故

序号	事故名称	督办文号	死亡人数	事故简介
1	湖北省鄂州市"12·2"重大道路交通事故	安委督〔2016〕19 号	18	2016 年 12 月 2 日早 6 时左右，湖北省鄂州市庙岭镇附近发生一起重大交通事故，事故车辆为一辆面包车，行驶至庙岭镇葛庙路栈咀大转弯处冲进路边水塘。该车辆为非营运性质车辆，核定载客人数仅为 9 人，超载严重。
2	云南省临沧市"3.2"重大道路交通事故	安委督〔2017〕4 号	10	2017 年 3 月 2 日 23 时 33 分许，一辆驶往临沧方向的运载水泥罐式重型货车，与一辆从耿马驶往昆明方向的客运大巴车，在祥临公路马鞍山隧道附近发生擦碰，导致大巴车侧倾于路边，货车翻至路下。已致 10 人死亡、38 人受伤。
3	贵州省贵阳市"4·17"重大道路交通事故	安委督〔2017〕6 号	13	2017 年 4 月 17 日 8 时 30 分许，一辆由贵州省贵阳市开阳县发往黔南州瓮安县的 19 座客车在开阳县发生交通事故坠河。

续表

序号	事故名称	督办文号	死亡人数	事故简介
4	内蒙古自治区呼伦贝尔市"4·29"重大道路交通事故	安委督〔2017〕7号	12	2017年4月29日，一辆黑龙江省讷河市大客车行至呼伦贝尔市阿荣旗辖区（111国道1544公里+185米处），与一辆轿车相撞。
5	山东省威海市"5·9"重大道路交通事故	安委督〔2017〕9号	13	2017年5月9日8时59分，威海中世韩国国际学校幼儿园一租用车辆，到威海高新区接幼儿园学生上学，行经环翠区陶家夼隧道时，司机丛威滋人为纵火导致车辆起火。
6	江西省鹰潭市"5·15"重大道路交通事故	安委督〔2017〕10号	12	2017年5月15日17时25分，鹰潭境内206国道1568公里处，发生一起重大道路交通事故，一辆货车与公交车相撞。
7	湖南省郴州市王仙岭景区"4·3"重大翻车事故	安委督〔2017〕5号	13	2017年4月3日17时20分，施工车辆（轻型普通货车）行驶至王仙岭街道上白水社区一长下坡右转急弯路段时，由于驾驶员违反安全操作规范，驾驶施工货车违法载人、操作不当，施工车辆翻坠于落差约4.1m的下行路面上，造成13人死亡、18人受伤、车辆及道路设施受损的重大事故。
8	河北省张石高速保定段浮图峪五号隧道"5·23"重大危险化学品运输车辆燃爆事故	安委督〔2017〕11号	12	2017年5月23日6时30分许，河北张石高速公路302公里加400米处浮图峪5号隧道发生的一起车辆燃爆事故。事故造成12人死亡，8辆货车、1辆小客车受损。
9	广东省惠州市"7·6"重大道路交通事故	安委督〔2017〕13号	19	2017年7月6日12时55分许，惠州市境内广河高速公路龙门路段广州往河源方向发生一起大型客车碰撞中央分隔带护栏仰翻的重大道路交通事故，造成19人死亡，31人受伤，直接经济损失3152.17万元。

续表

序号	事故名称	督办文号	死亡人数	事故简介
10	张家口市"7·21"重大道路交通事故	安委督〔2017〕14号	11	2017年7月21日8时许，张家口市蔚县互通公交运输有限责任公司驾驶员班某某驾驶客车在109国道由北向南行驶，对向大货车未靠右侧通行，班某某因采取措施不当驾驶客车驶入对向车道，与另一大货车发生正面碰撞，导致11人死亡，9人受伤。
11	河南省新乡市"9·26"重大道路交通事故	安委督〔2017〕16号	12	2017年9月26日8时34分，京港澳高速河南新乡段，一辆货车与三辆小型客车相撞。肇事货车是一辆专门装运小汽车的大型拖挂车，当时处于空车状态。事发时大货车突然变道，冲破护栏，与对面车道的三辆小客车相撞。

资料来源：国家安全监督总局，2018年1月。

二、道路交通基础设施建设仍需持续推进

道路交通基础设施建设的不完善，降低了人、车、路系统中道路的本质安全水平，为重特大事故发生埋下了隐患。"8·10"京昆高速特别重大道路交通事故中，隧道口并道引导设施不完善是造成事故的原因之一。据交通运输部统计，截至2016年末，我国公路总里程达到了469.63万公里，公路养护里程达459.00万公里，仍有10.63万公里公路未纳入养护日程中。同时，全国四级以上等级公路里程为422.65万公里，仍有46.98万公里等外公路。而等外公路是指1979年公路普查时确定的不符合公路工程技术的公路里程，于1980年后不再统计等外公路的新增情况。这意味着随着乡镇居民出行需求的不断提高和未养护道路的逐渐失能，未统计的等外公路里程还在增加。等外公路作为不纳入统计、不符合等级公路标准的公路，处于乡镇农村情况居多，路上无法以正常速度平稳地通行车辆，缺乏基本的道路交通基础设施和交通标识，限速标识、道路护栏、中央黄线等都可能不会出现在一条等外公路中。由于不纳入统计，政府养护能动性较小，周围居民受路权影响护路意识差，其路况普遍恶劣，急需政府进行道路的整体升级翻修。2016年末较2015年末，四级以上等级公路里程增长了18.03万公里，较等外公路里程仍有一定

差距，等外公路升级改造工作仍需持续进行。

除此，现有公路道路交通基础保障设施建设仍需持续进行。四级公路作为城乡地区日常生活重要的交通通道，2016年末占全国公路里程的68.2%，比一至三级公路、高速公路和等外公路合计还多，是我国公路网的主体部分。四级公路建设时间最早，凭借其造价低、技术难度小的优点，是地理环境恶劣的地区建设等级道路的首选。作为设计使用时长为5年的重要公路类型，四级公路的日常维护至关重要。同时，由于环境险峻地区四级公路较多，崖边护栏、道路转弯镜等必要道路交通安全基础设施的建设和维护需求较大。由于当前我国等级公路智能化水平普遍不足，部分道路出现部分破损、失能或道路交通安全基础设施缺失时难以进行及时维护，降低了等级公路的安全水平。

三、重点营运车辆主动安全装备配备水平需要提高

"8·10"京昆高速特别重大道路交通事故中，疲劳驾驶、高速公路长时间行驶造成精力涣散是可能造成事故的主要原因之一。美国交通部、美国高速公路管理局（National Highway Traffic Safety Administration，NHTSA）和乔治梅森大学（George Mason University）在《人类神经科学》（*Human Neuroscience*）上发布的共同研究结果显示，在模拟长时间、周期性行驶在驾驶环境单一的高速路段的驾驶情境中，受试者走神现象十分普遍。脑电波监控数据显示，部分受试者甚至在70%的测试时间内都在走神，同时在受试者走神的过程中，有65%的时间里受试者可以意识到自己在走神。研究者认为，这类走神可能是大脑应对疲劳、进行自我修复的手段之一，是人类生存过程中必不可少的一部分。研究人员同时表明，采用自动驾驶系统有助于彻底解决走神的问题。在实验过程中，受试者的模拟驾驶行为每日两次，每次只持续20分钟；而在长途客运、货运"两班倒"模式中，实际工作时间要较20分钟长得多，对于司机而言，不但走神的问题更加严峻和普遍，疲劳驾驶还会大大增加走神的概率、持续时间和严重性。

为解决走神问题，目前有两种方法。一是当前较为常见的疲劳驾驶预警系统，通过监测、分析驾驶员生理状态，来判定驾驶员是否疲劳驾驶，并通

过声、光、联网上报等报警模式对驾驶员的危险驾驶行为进行管理。这种系统主要对驾驶员起监督、警告的作用，容易引起驾驶员的厌烦感，同时长时间工作后，驾驶员对报警声音越发熟悉，报警效果将逐渐降低。二是减轻驾驶员负担，推行车辆自动驾驶系统和商用车自动驾驶车队系统，从根本上解决驾驶员走神问题。降低重点车辆的人员驾驶负担，主要是将需要人类全程操控的模式转变为车辆主导、人类可随时接管的模式，以大大减轻驾驶员的脑力负担。2017 年 11 月 6 日，在世界智能网联汽车大会上，我国科技企业图森未来完成了全球首次 L4 级别的无人驾驶卡车公测，标志着我国无人驾驶卡车技术达到世界先进水平。随着无人驾驶技术的快速发展，彻底解决驾驶员长途运行走神问题指日可待。

四、人民群众交通安全意识有待提高

"8·10"京昆高速特别重大道路交通事故中，造成人员重大伤亡的主要原因之一是乘客在休息时未系安全带，导致车辆急停时飞出座椅受到严重伤害。在交通安全事故中，"人"的因素一直是推动事故发展、扩大事故损失的主要原因，交通安全知识缺乏、自我保护意识淡薄的情况在城乡居民中十分普遍。在当前自动驾驶技术尚未广泛应用的情况下，即使安装了高级辅助驾驶系统、车辆主动防撞系统等先进技术装备，人的实际操作仍是事故发生与否的主要因素。民众对缺乏交通安全认知的缺乏，会大幅降低道路、车辆安全装备的保障能力，造成主、被动安全装备无法发挥安全保障作用。增强人民群众交通安全意识，不但需要做好日常宣传工作，还需从运输企业主体责任角度入手，敦促企业从事客运、货运人员在履行自身交通安全职责的同时，主动进行交通安全宣传，督促乘客和同行者进行个人交通安全防护。

第三十一章 "6·5"临沂金誉石化公司爆炸事故

化工行业一直是我国安全生产事故多发领域,事故一旦发生容易造成巨大的人员伤亡。国家安监总局数据统计显示,2017年1月至11月,全国化工行业共发生事故203起,死亡238人;危化品生产经营企业近29万家(其中生产企业1.8万家,经营企业26.5万家,储存企业0.6万家),规模以上企业2.9万家,安全保障能力较落后的中小企业占80%以上,从业人员近千万人。由此可见,化工行业的安全保障能力建设工作任重道远。安全发展理念不牢固、安全投入不足、安全管理水平落后、第三方机构评估履责不到位等问题仍旧是事故多发的诱因。这次临沂金誉石化公司爆炸事故危害严重,影响巨大,同时还引发了二次爆炸事故,造成了更大的人员伤亡和财产损失,为化工行业的安全生产工作敲响了警钟。

第一节 事件回顾

国家安监总局公布的调查结果显示,2017年6月5日凌晨,临沂市金誉石化有限公司驾驶员唐某驾驶液化石油罐车在连续作业后,驶入该公司10号卸车位准备卸车。驾驶员在进行液体卸车操作时,液相连接管口与卸料口突然脱开,导致液化石油气大量喷出并扩散。正在值班的现场作业人员未能有效处置,致使液化气泄漏长达2分10秒钟,很快与空气形成爆炸性混合气体,遇到点火源发生爆炸,造成事故车及其他车辆罐体相继爆炸,罐体残骸、飞火等飞溅物撞击到周围500米以内的1000立方米液化气球罐区、异辛烷罐区、废弃槽罐车、厂内管廊、控制室、值班室、化验室等区域,导致这些区域先后起火燃烧。该事故共造成10人死亡,9人受伤,直接经济损失4468

万元。

事故发生后，企业员工迅速开展自救，关闭储罐阀门、疏散工作人员、切断气源等，并拨打了报警电话。省消防总队也调集了石化编队迅速灭火，未发生次生灾害。

经调查组现场调查取证后，认为该起事故是一起生产安全责任事故。事故的直接原因是驾驶员连续 24 小时进行车辆驾驶和卸车作业，在进入事发地时已经极度疲惫，同时驾驶员在进行液化气卸车操作时又采取了违规作业，没有严格按照操作规程进行卸车，导致液相接口与卸料口两个定位锁止板没有闭合而无法稳固链接，在开启液相球阀时发生脱离，造成液化气泄漏。现场人员在液化气泄漏的 2 分 10 秒的时间内，未采取有效处置措施，以致液化气迅速气化和扩散，并与空气混合，达到了爆炸限值，遇到值班室非防爆电器产生的火源发生了燃烧爆炸。同时，事故引燃了违规停放在卸车区域的其他车辆，导致更大的燃烧爆炸事故发生，车体和罐体的残骸飞溅至周边设施及其他燃料储罐，更导致了多次燃爆事故的发生。

据调查组分析，事故的间接原因有：一是该公司安全意识较差，安全生产主体责任未落实，实际管理职责缺失，运输罐体装卸违规操作且缺乏安全管理，车辆的日常监管不到位，事故应急处理预案未落到实处。二是临沂金誉石化风险分级管控不到位、隐患排查不彻底，对安全事故风险叠加认识不到位，缺乏必要的风险管控和隐患排查知识，特种设备日常检修不到位，对安全风险偏高区域的操作规程不熟悉。三是清丰县安兴货物运输有限公司安全管理工作失职，对所属车辆处于脱管状态，未履行异地经营报备职责，车辆动态监控不到位，移动式压力容器管理不到位。四是第三方服务机构未依法履行技术管理服务责任，山东大齐石油化工设计有限公司未严格按照相关规范对控制室进行设计，临沂市华夏城市建设监理有限责任公司未依法履行建筑工程监理职责，济南华源安全评价有限公司出具的安全评价报告中的评价结论失实。五是交通运输部门、质监部门、安监部门、公安消防机构、经信部门、住建部门、环保部门、规划部门、地方党委政府未依法履行安全监管职责、审批等职责。

第二节　事件分析

一、加强安全管理是化工行业安全生产的重中之重

安全责任体系不够健全或落实不到位依然是化工企业安全事故多发的主要原因。部分企业在经营过程中重效益不重安全，不能将安全管理有效纳入到日常管理中，高层领导对安全责任的认识不够系统，导致员工安全责任落实不到位。重要环节的检查、登记、核准等工作更是流于形式，应急预案的编制更像是为了应付检查。

化工行业企业要加强安全管理，定期检查生产、储存、装卸等环节，做好查验、登记、核准工作，确保设施完好、设备功能完善、各接口安全可靠。安全管理制度的建立要严格达标，制度要完善，装卸场所要符合安全标准，应急预案要完备，各类从业人员的从业资格要全部具备并经过系统培训，运输车辆要经过定期检测维护。

各级政府部门要加强对辖区内化工企业的管理，严把审批、设计、施工、生产和验收过程，严查违法违纪行为，并建立完善的信息公开、查办、处罚及追责等监督体系，对企业的定期现场检查和不定期抽查要相互结合，对出现的问题要及时处理。此外，政府还要进一步加大对第三方服务机构的监管力度，对设计、施工、监理和安全评价等机构的资质和从业规范要严格监管，强化机构信用评定和公示制度，对弄虚作假、不负责任的机构降低资质或吊销资质证书。

二、风险管控及应急处置体系建设有待加强

从这次爆炸事故可以发现，我国化工企业相关人员的风险管控及应急处置能力严重缺失。临沂金誉石化公司在运营前，缺少对油罐装卸区的风险评估，扩大产能后仍采取24小时连续作业及罐车运输液化原料模式，而且事故发生前共有15辆运输车同时进入装卸区，造成风险叠加，这反映了员工风险

判别和危害认识能力缺失。此外，自泄漏到爆炸的两分钟内，企业未做任何应急处置，如关闭阀门、组织人员撤离等，造成二次乃至多次事故并发。

目前，大部分化工企业还没有建立起风险分级管控制度。首先，企业高层领导对风险分级管控的认识不高，接受度不够，缺乏必要的专业知识，在日程管理中对风险辨识、评估、控制的工作流程不重视，未及时形成针对风险分级管控的有效措施。其次，企业员工本身业务水平较低，未掌握风险控制和危害识别方法，在工作中更多的是以经验来判定作业过程是否安全，发生事故后缺乏必要的应急救援手段，缺乏安全管理能力。最后，企业对于风险管控及应急处置的培训不系统，或是培训过于简单，没有达到应有效果，员工的安全管理能力没有得到提升。

企业在运营过程中，要全面排查风险隐患，强化辨识能力建设，对风险进行标准化管控，完善风险管控及应急处置措施，健全隐患排查治理体系。

三、化工企业要严防多米诺效应事故的发生

一个由初始事故引发的，波及临近一个或者多个设备，从而引起二次事故或者多次事故，导致总体后果比初始事故更严重的事故，叫多米诺效应事故。临沂金誉石化发生罐车液化气泄漏爆炸事故，并相继引爆其他罐车和9个储罐，这次事故是由初始事故引发后续事故，是典型的多米诺效应事故。《石油化工企业设计防火规范》（GB50160—2015）、《石油库设计规范》（GB50074—2002）和《化工企业定量风险评价导则》（AQ/T 3046—2013）等相关标准规范并没有将多米诺效应风险纳入其中，无法准确指导危化品装置的合理布局。企业在安全距离的确定过程中，多依据历史数据和相似设备的评估经验，数据较粗略，没有进行系统分析，也没有考虑连锁反应的影响。

政府要将多米诺风险评价纳入产业规划布局体系，一是要根据二次或多次事故特点，尽快修订《石油化工企业设计防火规范》和《化工企业定量风险评价导则》等标准规范，在安全距离、定量风险评价等内容制定时，对多米诺效应评价提出要求；二是在企业新建、改建和扩建过程中，积极引导并鼓励企业根据自身的实际情况、项目需求、多米诺效应特点，选择合适的分析模型和方法，确立风险分析步骤和优化布局流程，切实提高风险管控能力，确定基于多米诺效应的规划布局最优方案。

第三十二章　德国立法允许自动驾驶汽车上路

2017 年 5 月 12 日，德国联邦参议院通过了一项法律，允许自动驾驶车辆在特定条件下代替人类驾驶，这是德国关于自动驾驶汽车的首部法律，也是全球首次在正式施行的道路交通法规中给予自动驾驶系统与人同等的法律地位。德国作为汽车工业强国，在此时出台自动驾驶相关法律，对继续维护其在汽车产业的优势地位具有重要意义。作为全球最大的汽车生产国和消费国，我国也必须加快在汽车自动驾驶领域的谋划布局。

第一节　事件回顾

德国是世界上的汽车强国，除了电动化之外，自动驾驶已经成为德国汽车制造业的一个重要的发展趋势。德国汽车和零部件巨头对自动驾驶技术表现相当积极，投入大量财力进行相关研发。自 2010 年以来，有统计显示，在与自动驾驶相关的 2838 件登记专利中，德国汽车和零配件制造业占比高达 58%，其中博世（Bosch）以 545 件排名第一，宝马（BMW）、奥迪（Audi）、戴姆勒（Daimler）、大陆（Continental）、大众汽车（VW）也都位列登记专利排名前十位，德国自动驾驶市场前景预期良好。

2015 年秋天，德国运输部长多布林特宣布开放 A9 高速公路，汽车零配件制造商、研究机构和车企可以在此测试自动驾驶技术，德国的大型企业基本已经完成了高速公路上的自动驾驶测试，下一步需求将是测试自动驾驶系统在城市道路上对行人、信号灯、停车等的反应。2016 年 4 月，德国总理默克尔首次提出建议，德国汽车制造商如宝马、戴姆勒、大众等汽车巨头应该尽快在本土对自动驾驶汽车进行路测，政府会帮助这些企业扫清法律方面的阻碍，同时呼吁汽车行业列出一份"愿望清单"，并附上具体的时间表，政府将根据该清单来助力汽车行业发展自动驾驶车辆。同年 5 月底，德国执政联盟对自动驾驶汽车的未来发展进行探讨，并对"愿望清单"的执行情况加以评估。讨论结果证明执政联盟内部意见一致，德国政府自此开始对自动驾驶汽车上路测试制定相应的法律。

德国联邦议院于 2017 年 6 月率先颁布"道路交通法第八修正案"。该修正案对自动驾驶汽车应当满足的六个要求进行了相关规定。其中有驾驶员在任何情况下都可以手动关闭或取代自动驾驶系统来接管车辆；自动驾驶系统应当自动识别需要驾驶员接管操控的情形，并在交接驾驶员操作前给出明确的提示。另外，该修正案还对驾驶员在操作自动驾驶车辆时的权利和义务进行了明确规定。比如，在自动驾驶系统进行接管的状态下，驾驶员可以不对车辆和交通状况进行监控，但仍需持续保持戒备清醒的状态，为随时接管做好准备。在自动驾驶向驾驶员发出接管请求，或者驾驶员自行发现自动驾驶系统出现异常时，驾驶员都应该立刻接管车辆。以此可见，德国该项立法更加侧重于对 L3 级别①的自动驾驶系统进行相关规制。此外，修正案还要求汽车生产厂商需在车内安装黑匣子，记录汽车行驶过程中的状态和数据，用于判定事故责任承担方为驾驶员还是汽车生产厂商。同时，该修正案对自动驾驶导致的交通事故提高汽车保险的最高赔偿金额，其中财产损失和人身伤害的最高赔偿金额分别提至 200 万和 1000 万欧元。该法规的出台促使广大德国研究机构和自动驾驶技术厂商能够在本土进行深入研究，意味着戴姆勒、大众汽车、宝马等汽车巨头未来可以顺利地在国内道路进行自动驾驶新技术的测试，同时也为全球自动驾驶立法创造了先例。

---

① 美国汽车工程师学会于 2014 年制定自动驾驶分级标准，将自动化程度分为 5 级。其中 1 级为驾驶支援，自动化限于对方向盘或加减速中的一项提供支持；2 级为部分自动化，对方向盘和加减速中的多项进行支持；3 级为有条件自动化，由自动驾驶系统完成全部操作，人类提供应答；4 级为高度自动化，由自动驾驶完成全部操作，人类根据情况给予应答；5 级为完全自动化，在不需要人类辅助的情况下实现自动驾驶。

第二节　事件分析

一、自动驾驶相关政策密集出台

随着自动驾驶技术的发展，各汽车工业强国纷纷出台相应的政策法规，支持自动驾驶汽车的开发与测试。美国政府在加利福尼亚州、密歇根州、亚利桑那州等地开放了自动驾驶路测，并于2016年9月出台了《联邦自动驾驶汽车政策指南》，将自动驾驶的安全监管首次纳入联邦法律框架内，其核心内容就是要求车企对自动驾驶汽车道路测试进行全面的安全评估。2017年9月，美国众议院批准通过自动驾驶法案，为自动驾驶车辆监管构建了统一的联邦管理框架，明确划分联邦和各州法律法规的权限。一是规定美国联邦法律相较于各州立法具有优先权；二是限期美国高速公路安全管理局（NHTSA）升级现行的机动车辆安全标准；三是要求NHTSA成立高度自动化汽车咨询委员会提供技术支持及信息收集服务。美国众议院批准了自动驾驶法案（SELF DRIVE Act）。该法案草案旨在发挥联邦职能，通过鼓励自动驾驶汽车的测试和研发以确保车辆安全。日本于2016年制定了自动驾驶普及路线图，着手修订《道路交通法》和《道路运输车辆法》，2017年进一步放宽法律法规的限制，允许纯自动驾驶汽车进行路试，并且配备司机的自动驾驶汽车有望在2020年上高速公路行驶。2016年11月，韩国修订《韩国汽车管理法》，允许在获准的城市道路上测试自动驾驶汽车。法国政府在2016年8月正式批准外国汽车制造商在公路上测试自动驾驶汽车，此前只允许本土汽车公司测试。英国2017年2月出台的《汽车技术和航空法案》规定，在自动驾驶汽车道路测试发生事故时，可通过简化保险流程，帮助保险人和保险公司获得赔偿。此外，荷兰、瑞典、新加坡等国也推出了支持自动驾驶汽车发展的政策法规。

表 32 – 1　全球有关自动驾驶在测试、标准和立法层面的探索

国家	有关自动驾驶在测试、标准和立法层面的探索现状
英国	英国交通部发布了《无人驾驶汽车测试运行规则》《网联自动化车辆网络安全关键原则》。
澳大利亚	国家交通委员会牵头开展有关自动驾驶汽车安全治理的监管方案的探讨。
加拿大	允许路测,启动有关立法的论证。
法国	批准公路上进行自动驾驶汽车测试;成立跨部门联合小组,对现行法律进行探讨,着手对法律、安全标准等进行修订。
芬兰	修订现行道路交通规则;允许自动驾驶车辆在获得批准后在公共道路的特定区域进行测试;批准了无人驾驶公交车上路测试。
瑞典	现行法律允许高度自动化驾驶车辆的测试;修改车辆法规、驾驶执照规则及责任条例等;调整现行车辆标准及性能测试规定;为适应自动驾驶汽车而设置新的驾驶执照。
荷兰	着手对现行交通法规进行检讨;提议在公路上开展测试;开展对责任分配、驾驶技能要求、数据保护以及对基础设施影响等研究。
日本	允许路测;联合欧盟制定全球统一的自动驾驶汽车技术标准,并致力于督促美国也采用相同的标准和政策。
韩国	启动修订现行道路交通法规;为自动驾驶汽车划定试运行区域,开通专用试验道路。
新加坡	启动自动驾驶汽车在一定范围内进行测试;开展对无人驾驶出租车的试点。

资料来源:赛迪智库整理,2018 年 1 月。

二、全球加速自动驾驶技术布局

德国此次出台的首部法律,是为了配合大众、宝马、戴姆勒等德国汽车巨头在自动驾驶领域的发展。除了这些德国企业外,克莱斯勒、雷克萨斯、林肯、福特、沃尔沃、菲亚特、丰田等著名汽车制造商也纷纷独立或与其他企业合作,加快对自动驾驶汽车的研发与测试。继大众、福特、法拉第和谷歌等企业后,百度在 2016 年 9 月也拿到了加州政府颁发的自动驾驶汽车道路测试牌照,目前已有 33 家企业获得了这一牌照。多种车型已进行过自动驾驶技术测试,如 Uber – 福特 Fusion、Uber – 沃尔沃 XC90、高通 – 克莱斯勒 Pacifica、高通 – 雷克萨斯 SUV、通用汽车 – 雪佛兰 Bolt、博世 – 特斯拉 Model S、

英伟达 – 奥迪 Q7、日产 – 日产 Leaf、百度 – 宝马等。

自动驾驶正在吸引越来越多的高科技企业加入。互联网企业谷歌、百度和苹果将互联网与汽车的跨界融合做得风生水起。到 2016 年底，谷歌自动驾驶汽车的总行驶里程已突破 300 万公里。半导体巨头们则通过收购借势进入自动驾驶领域。英特尔 2017 年 3 月以 153 亿美元价格收购了以色列芯片和软件算法领先公司 Mobileye，此前与 Mobileye 合作的汽车制造商有特斯拉、宝马、通用、沃尔沃等，高通和英伟达等芯片巨头也已涉足自动驾驶领域。此外，通信产业巨头们也不甘寂寞，美国电信业巨头 Verizon、韩国三星和中国华为等企业，也依托各自优势，在车辆通信、汽车导航服务、车载娱乐系统以及车联网上加紧布局。

三、数据保护和网络安全防护应纳入法律范畴

德国的修正法案对数据保护和安全要求不明确，已成为德国自动驾驶法律的一大缺陷。该法律解决了事故责任、技术和保障要求等问题，但在自动驾驶的数据使用和安全保护等方面缺乏明确规定。一方面，自动驾驶测试会获取大量关于车辆碰撞事故和车主行为等相关信息，需要做到保护消费者隐私，以及数据去识别化。另一方面，自动驾驶系统面临网络攻击的潜在威胁，法律中应当囊括关于机动车辆保障网络安全的相关规定。美国交通部于 2016 年发布的《联邦自动驾驶机动车政策》就明确规范了数据记录和共享、消费者隐私，以及自动驾驶系统安全等条目。这也是德国计划在两年内将根据技术进展及时修订这部法律的根本原因。在自动驾驶技术发展的同时，我国应把信息安全作为自动驾驶法规的重要内容，重视自动驾驶技术发展过程中数据信息的保护和网络攻击的防范。一是提升自动驾驶汽车的信息安全防护能力。通过制订自动驾驶路测标准、自动驾驶数据保护规范和指南等方式，指导车载网络安全管理终端的安装、测试、使用、维护和服务，保障自动驾驶汽车信息安全。二是建立健全自动驾驶信息和数据安全管理机制。建立工业和信息化部网络安全管理局、交通部门、车辆制造企业间的信息联动平台，统计车辆的通信供应商及购车者信息，建立车辆和服务基础设施之间的通信网络，推进自动驾驶信息和数据安全的核心竞争力建设。

四、借鉴德国立法推进我国自动驾驶立法进程

应适时推进我国自动驾驶相关法规。一方面，对现行《道路交通安全法》和《道路运输条例》等法律法规进行调整，明确无人驾驶汽车的法律地位，界定其行驶标准，与自动驾驶汽车的立法进程相互衔接，互为补充。另一方面，加快制定自动驾驶车辆安全测试标准，适时推进自动驾驶汽车在公共道路进行路测。由于"法无禁止即可为"，百度早在 2015 年 12 月完成国内首次高速道路的全自动驾驶车辆路测。我国应尽快填补关于自动驾驶路测法律空白，严格规范自动驾驶车辆进行路测时对车辆的要求、车上人员要求及事故责任认定等。建立自动驾驶车辆测试许可制度，向符合规定的企业发放自动驾驶路测牌照。同时，借鉴美、德自动驾驶立法要点。一是根据我国道路实际状况，尽快推进 L3 级别自动驾驶汽车合法路测，同时要求车上配备驾驶员在必要时进行介入，明确事故权责划分，推动自动驾驶商业保险赔付。二是率先推动自动驾驶商用车的合法化，制订自动驾驶公共交通发展路线，分阶段选取合理城市进行试点示范项目，积极推动自动驾驶公共交通商业化运营。三是加强自动驾驶技术发展进程中对消费者权益保护的重视。促进《网络安全法》等相关法规出台，对个人数据跨境流动、使用范围进行明确规定。

另外，应加强与国际自动驾驶政策接轨。第一，全面评估联合国《1958年协议书》和《维也纳道路交通公约》对我国带来的利弊。逐步推进我国汽车零部件产品与国际水平（ECE 法规）对接，适时开放自动驾驶汽车公共道路测试，为我国车企"走出去"清除壁垒。第二，参考美国联邦政府和德国自动驾驶的法律与制度框架，成立自动驾驶立法工作小组，以安全优先为原则，根据我国实际道路情况、文化地域特点，推动符合我国国情的相关法律制度框架的建立，鼓励我国相关企业参与全球竞争。

第三十三章 《关于推进安全产业加快发展的共建合作协议》正式签约

推进安全产业加快发展和安全科技集成创新是坚持以人为本发展理念的根本要求，也是贯彻落实党的十九大精神和《中共中央国务院关于推进安全生产领域改革发展的意见》（中发〔2016〕32号）精神的题中之义。为科学谋划安全产业发展方向，总结推广安全产业发展经验，协调组织要素资源支撑安全产业快速发展，发掘区域经济增长新动能，工业和信息化部、国家安监总局、江苏省人民政府决定建立推进安全产业发展的三方共建合作机制，并签署《关于推进安全产业加快发展的共建合作协议》。

第一节 事件回顾

2018年1月4日，工业和信息化部副部长罗文、国家安监总局总工程师吴鑫与江苏省人民政府副省长马秋林在北京签署《工业和信息化部 安全监管总局 江苏省人民政府关于推进安全产业加快发展的共建合作协议》。工业和信息化部部长苗圩、江苏省省长吴政隆、国家安监总局党组副书记付建华出席签字仪式。

根据协议内容，三方将进行以下合作：

（一）打造安全科技创新先导区

支持江苏省高校、科研机构、企业与工业和信息化部、国家安监总局所属高校和科研院所开展协同创新，共建联合实验室、产业技术创新中心、工程技术研究中心等安全科技研发创新载体，加强安全科技创新公共服务，共同推进智能安全装备研发制造国际合作平台建设等工作，努力建设一批安全技术科研平台、组建一批安全技术创新联盟、突破一批安全科技关键技术，力争将江苏省建设成为全国安全科技创新先导区，为我国安全科技创新发挥示范引领作用。

（二）合力推进安全产业标准体系建设

充分发挥标准在安全产业发展中的基础性和引导性作用，聚焦安全产业跨行业、跨领域的融合创新领域，按照"统筹规划、分类施策、跨界融合、急用先行、立足国情、开放合作"的思路，在做好安全产业标准化试点示范的基础上，采取上下联动、创新驱动、政策推动等方式，积极推进政府主导制定与市场自主制定的标准协同发展、协调配套的新型标准体系建设，逐步探索出"标准化＋"安全产业发展的新路子。

（三）创新安全产业发展投融资服务模式

推动设立市场化运作的区域性、行业性安全产业发展投资基金，支持安全产业企业加大创新和科技成果转化力度，实现集团化发展。引导国家中小企业发展基金等投向包括安全产业在内的符合条件的中小企业，促进特色明显、创新能力强的中小企业加速发展，形成大中小企业协调发展的产业格局。积极拓展和畅通安全产业企业上市及股权融资渠道，积极发展安全装备融资租赁服务业，为安全产业企业创新发展、安全产业园区建设和城市基础设施配套等提供金融支持。

（四）建立和完善区域安全产业协作体系

在江苏省开展安全产业集聚发展、安全科技协同创新试点示范，支持地方政府、园区、企业积极发展本质安全工艺及产品设计服务、安全装备（系统）定制化服务、全生命周期安全管理服务等服务型制造业，对接科技、金融等多种资源，创新商业模式，引导企业深度参与产业协同和社会协作。支持相关社会公共服务机构，依法依规开展安全装备可靠性验证、安全技术标准验证、产品检测检验、安全评价、安全技术咨询、事故技术分析鉴定、职业病危害因素检测评价、职业病危害防治技术咨询及工程治理、宣传教育培训等服务，推动建成一批促进安全产业协同发展的公共服务平台。在总结提炼江苏省安全产业集聚发展、安全科技协同创新成功经验的基础上，构建政府、协会、园区、企业、社会公众多方合作，国家、省、市、县多级联动、共建共享的国家安全产业区域协作体系，并建立相应的安全产业基础数据库，在江苏徐州设立国家安全产业大数据平台华东节点。

（五）积极推进先进安全装备示范应用

加快安全科技成果转化和先进技术装备推广应用，推进高危行业领域开展机械化、自动化、信息化、智能化改造，推动机器人、智能装备在危险场所和环节广泛应用，大力实施高危行业企业"机械化换人、自动化减人"工程。会同相关部委在江苏省组织实施一批先进安全装备应用示范工程，探索有效的经验和模式在全国推广，逐步培育一批具有国际影响力的安全装备知名品牌。进一步提升中国徐州安全产业协同创新推进会和"一带一路"安全产业国际论坛影响力，使其成为展示我国安全装备研发制造实力和国际产业协作交流的窗口。

（六）开展政策研究，完善相关配套政策

组织专家定期遴选先进安全技术装备，组织编制《推广先进安全技术装备指导目录》，并为《安全生产专用设备企业所得税优惠目录》的修订提供支撑。研究安全生产费用使用政策，支持安全产品的推广应用。开展保险业与安全产业合作模式及相关政策研究。认真梳理总结江苏省安全产业发展示范区实践成果，积极协调国务院有关部门加快研究促进安全产业发展相关政策，指导全国安全产业发展。

第二节　事件分析

一、工业和信息化部任务分工

一是会同相关部门研究制定促进安全产业发展的指导性意见。二是指导各地开展安全科技创新活动，协调部属高校、科研机构与江苏省高校、科研机构、企业在安全科技领域开展合作，加大对江苏省安全科技创新公共服务载体建设等工作的支持力度。三是统筹利用现有手段支持江苏省切实增强智能安全装备研制能力。四是协调相关部门和金融保险机构，通过政策引导和市场化运作，创新商业模式，构建安全产业投融资服务体系。五是促进安全产业企业集聚发展，支持和促进徐州安全科技产业园等安全产业示范园区创建新型工业化产业示范基地。六是支持国家安全产业大数据平台区域节点建设。

二、国家安监总局任务分工

一是总结徐州国家安全产业示范园区创建经验，会同工业和信息化部等相关部门研究制定《国家安全产业示范园区创建指南》等指导性文件。二是支持江苏省有关科研机构申报国家公共安全专项重点研发计划，支持江苏省创建国家安全科技支撑平台和安全生产重点实验室。三是协调相关院校、科研机构与江苏省科研机构、企业开展合作，通过共建联合研究机构、技术创新平台、专业实验室等形式，开展重特大安全生产事故防控、典型职业病危害预防、应急救援与事故调查安全技术研究，提高安全生产领域技术创新能力和事故防范能力。四是将高危行业智能装备纳入《推广先进安全技术装备指导目录》，定期发布。支持"两客一危"防碰撞系统、智能脚手架、智能传感器等重点安全装备在江苏省推广应用。

三、江苏省人民政府任务分工

一是研究出台促进安全产业发展指导意见，在产业政策、财政资金、科技项目等方面支持和促进安全产业加快发展。二是支持社会资本按市场化方式成立安全产业投资基金。发挥财政资金导向作用，支持安全产业相关系统平台建设，提升现代信息技术与安全生产融合度，加快安全生产信息化建设。三是协调江苏省高校、科研机构、企业与工业和信息化部、国家安监总局所属高校、科研机构开展合作。四是支持在矿山、危化品、交通运输、建筑施工、民用爆炸物品、金属冶炼、职业健康、城市运行安全等行业领域开展安全装备应用示范工程建设。推动首台（套）重大技术装备补贴政策在江苏省安全生产领域的落实。推进关键技术装备研发，加快成果转化和推广应用。五是健全安全生产社会化服务体系，将安全生产专业技术服务纳入现代服务业发展规划，培育多元化服务主体。鼓励中小微企业订单式、协作式购买运用安全生产管理和技术服务。

四、三方合作机制

一是建立三方共建合作联席会议制度。组建工业和信息化部、国家安监总局、江苏省人民政府分管领导参加的联席会议。联席会议每年举办一次会商活动，主要推动落实并总结当年的工作，确定下年度共建重点方向。二是推进相关议定工作落实。工业和信息化部安全生产司、国家安监总局规划科技司、江苏省经信委、江苏省安监局、徐州市人民政府等负责共建议定工作的具体落实。三是联席会议在江苏省经济和信息化委员会设立日常办公机构，负责各方联络沟通和日常工作协调落实。四是三方共建合作实施期为2017—2020年，期满后根据情况另行商定。

展望篇

第三十四章 主要研究机构预测性观点综述

第一节 中国安全生产科学研究院

中国安全生产科学研究院院长张兴凯主要观点如下：

一是关于安全生产形势。他认为：2017 年是供给侧结构性改革步入深化之年。安全生产工作迎来了前所未有的机遇。《政府工作报告》将安全生产列入社会建设的范畴，充分说明了国家对安全生产工作的高度重视，将其放到"至上"的位置。同时，科学谋划，系统思考，标本兼治，也为在当前经济形势下走好安全生产改革发展之路领航指路。我国应紧紧扭住遏制重特大事故这个"牛鼻子"，深入排查事故隐患，持续夯实安全基础，着力提升依法监管能力，实现了事故总量、死亡人数和重特大事故继续下降。问题要一点一点解决，困难要一点一点克服。越是进入"深水区"、遇到"硬骨头"，越要迎难而上。改革等不起，更输不起。

二是关于落实安全生产责任制。张兴凯认为，在改革过程中，要正确把握好企业主体责任落实和政府监管责任到位的关系，坚持问题导向和目标导向，坚持完善制度、突出重点、引导预期、守住底线的安全生产工作思路。

三是关于安全生产风险防控。在我国产业结构、生产模式、国民素质、作业习惯等没有发生根本改变的大背景下，发生重特大事故的风险较高的状况没有发生根本改变。人命关天，安全至上。安全至上，安全生产被放在最顶层、放在"至上"的位置。这充分表明党中央、国务院对安全生产工作的重视达到了又一个历史新高度。必须持之以恒抓好安全生产，在思想上、认识上、行动上，必须以咬定青山不放松的精神和态度，以持之以恒的作风和行动，以实干推动安全发展，以实干赢得安全生产的未来。作为一名安全科技工作者，张兴凯表示，一定按照党中央、国务院的部署，通观国家改革发展稳定的全局，突出遏制重特大事故这个重点，把握安全生产风险防控的关键，找准科研选题，扎实做好安全生产科研工作。

第二节 中国安全产业协会

2017年2月，中国安全产业协会理事长肖健康对中国安全产业协会2016年的工作进行总结，他表示，2016年是协会发展的起步之年，基本完成了年初预订的工作任务，在完善内部管理、壮大协会队伍、创新发展模式、建设产业示范基地、带动行业发展等七个方面都取得了不错的成绩。展望2017年，这是协会发展的创新之年，我们要抓住国家深化安全领域改革的契机，全面落实"851工程"，即八个创新、五个一工程，鼓励企业抱团取暖，充分发挥互联网的共享精神与作用，助推安全产业的全面发展，实现我国安全产业人性化享受、智能化服务、本质安全保障的根本目标。

2017年4月，2017全国化工行业HSE高峰论坛成功举行。肖健康理事长在论坛上作"跨界融合、集成创新，开创危化安全产业新局面"的主题演讲。他认为，近年来，全国安全生产形势稳定好转，但是重特大事故和灾难仍时有发生，尤其是危化品类事故，如山西隧道危化车爆炸、青岛下水道爆炸、天津滨海新区爆炸等重特大事故。危化品重特大事故频发充分暴露了危化安全的深层次五大根源：产业装备低端、人员素质低下、投资融资低级、传统管理低能、执法不严低效。当前危化产业存在五大问题：没有运用科技技术改造提升传统危化产业；没有建立互联互通、随机应变、及时处置的危化安全救援体制；没有制定先进的危化装备和配备目录；没有建立危化产业投融资配套政策体系；没有建立全覆盖的危化安全培训实训和体验网络体系。为解决这些问题，肖健康理事长围绕如何"创新"，分别从创新危化安全产业的思路、创新危化安全产业的功能、创新产业投融资服务体系、创新危化安全的人性化培训体验场馆四个方面阐述。

6月21—22日，2017中国安全产业峰会暨首届汽车安全产业论坛（ASC2017）在北京召开。中国安全产业协会理事长肖健康发表演讲。他表示，近年来全国安全形势稳中好转，但是安全生态形势依然严峻。中国安全产业协会的主要任务就是以创新作为改革的推手，引进国内外先进技术和装备，改造提升传统的安全产业，形成本质安全保障的"互联网＋"智能化产业，从技术入手助推各行业实体产业转型升级。他认为，为了促进全国安全形势好转，应倒逼企业转型，智能制造淘汰落后产能，除此之外，还应创建社会服务体系，为社会提供人性化、智能化的服务和保障。肖健康分析道，我国安全产业目前仍面临许多方面的挑战，这其中主要包括产业装备低端、人员素质低下、投融资低级、管理传统低能、政策法律法规体系不完善等方面。最后他呼吁道，这些问题需要整个行业齐心协力一同面对和解决。

第三节 中国安全生产报

2017 年 3 月，《中国安全生产报》刊登全国两会代表毕于瑞关于安全产业的观点，主要如下：安全生产不能搞人海战术，关键靠技术。安全产业不是纯投入无回报的产业，具有广阔的市场空间和潜力，具有巨大的经济价值。

一是安全产业发展空间大。发达国家的安全产业占 GDP 的 8%，中国仅占 1.6%，发展空间非常大。国家对安全产业非常重视，要求企业强制提取安全生产费用。据测算，2015 年，煤矿、非煤矿山、危化品等五大行业领域提取的安全生产费用达 9600 亿元，如果能将 60% 的费用投入到安全产业中，就可以带来非常大的市场价值。

二是我国安全产业仍处于发展初期。广泛来讲，安全硬件设备设施、安全管理信息系统、安全服务咨询都属于安全产业，形象的比喻就是"救命产业"。但如此重要的"救命产业"在我国的发展仍处于起步阶段，尤其是在科技创新方面与国外差距较大，市场培育比较滞后。

三是国家高度重视安全产业发展。2012 年，工信部、国家安监总局联合发布《关于促进安全产业发展的指导意见》。2016 年底出台的《中共中央国务院关于推进安全生产领域改革发展的意见》鼓励发展安全产业。2016 年，在国内首只安全产业投资基金的基础上，财政部已确定设立 30 亿元专项基金，推动科技成果转化，支持力度可谓空前，安全产业发展前景可观。毕于瑞建议，加强安全监管信息化建设，建立大数据中心，推广矿山实时监控系统和专家咨询系统，通过大数据进行事故预警，实现对企业的监管和服务。

12月10日，《中国安全生产报》刊登文章《合肥高新区打造国家安全产业示范园区》。近年来，合肥高新区紧密结合自身发展特色，提前谋划产业布局，将安全产业列为园区发展的主导产业，目前，安全产业已成为高新区第二大产业。作为安徽省最大的安全产业集聚基地，高新区的公共安全产业获批国家火炬计划特色产业基地。2015年，在国家安监总局、工信部及省市安监、经信部门的大力支持下，高新区成功获批国家安全产业示范园区创建单位。目前，高新区的安全产业共有重点项目163个，总投资约880亿元。2017年开工项目53个，总投资288.8亿元，谋划项目67个，总投资385亿元。

第三十五章　2018 年中国安全产业发展形势展望

第一节　总体展望

党的十九大报告在"提高保障和改善民生水平，加强和创新社会治理"中明确要求"树立安全发展理念，弘扬生命至上、安全第一的思想，健全公共安全体系，完善安全生产责任制，坚决遏制重特大安全事故，提升防灾减灾救灾能力"。并且要求，必须依托"加快建设制造强国，加快发展先进制造业，推动互联网、大数据、人工智能和实体经济深度融合，在中高端消费、创新引领、绿色低碳、共享经济、现代供应链、人力资本服务等领域培育新增长点、形成新动能。支持传统产业优化升级，加快发展现代服务业，瞄准国际标准提高水平。促进我国产业迈向全球价值链中高端，培育若干世界级先进制造业集群"。因此，发展安全产业，发挥好工业安全生产对我国经济社会安全发展的支撑和保障作用将迎来新的有利时机。

同时，随着落实《中共中央国务院关于推进安全生产领域改革发展的意见》工作的深入展开，安全产业在安全发展中的作用将得到进一步体现。2018 年初，中共中央办公厅、国务院办公厅印发了《关于推进城市安全发展的意见》，是在我国转型期关于城市安全发展的一个重要的指导性文件，具有十分重要的现实和长远意义，安全发展将成为城市现代文明的重要标志之一。

在全党和全国人民认真落实党的十九大精神之际，继续保持全国安全生产形势持续稳定好转的态势，继续努力遏制重特大事故多发的趋势，保障"十三五"安全生产目标的实现，安全产业的发展需要面对新机遇与新挑战。2017 年，在党中央、国务院的直接领导下，通过全国人民的共同努力，全国安全生产形势进一步好转。据全国安全生产工作会议的报道，2017年全国安全生产"三下降两好转"的成效明显。

第一，事故总量下降。全国安全生产各类事故起数、死亡人数同比分别下降16.2%和12.1%；较大事故起数同比下降18.2%、死亡人数同比下降18.3%；重特大事故起数同比下降7起和21.9%、死亡人数减少228人且同比下降40%，其中特别重大事故1起，同比减少了3起，为2001年安全监管监察体制改革以来历史最少。

第二，大部分行业领域安全状况好转。实现事故起数和死亡人数"双下降"的有10个行业领域，未发生较大以上事故的有3个行业领域。

第三，大部分地区安全状况好转。事故起数和死亡人数"双下降"的有28个省级单位，未发生重特大事故的有15个省级单位。

尽管形势喜人，但应该看到我国仍然处在安全事故的易发多发期，在进入新时代的大前提下，对安全生产工作的要求更高更严，安全生产形势依然严峻，安全生产基础依然薄弱，实现安全发展的目标任务压力巨大。落实《中共中央国务院关于推进安全生产领域改革发展的意见》中提出的"健全投融资服务体系，引导企业集聚发展灾害防治、预测预警、检测监控、个体防护、应急处置、安全文化等技术、装备和服务产业"要求和《关于推进城市安全发展的意见》中提出的"引导企业集聚发展安全产业，改造提升传统行业工艺技术和安全装备水平。结合企业管理创新，大力推进企业安全生产标准化建设，不断提升安全生产管理水平"等党和国家对安全产业提出的战略性和具体要求，对于为安全生产、防灾减灾、应急救援等安全保障活动提供专用技术、产品和服务的产业发展具有十分重要的意义，为现阶段安全产业发展指出了重点方向与任务，同时，安全产业为安全发展提供保障的任务将更加艰巨。

展望2018年，认真学习贯彻落实党的十九大"树立安全发展理念"的总要求，是指导安全产业发展的根本。在十三届全国人大一次会议上启动新一轮国务院机构改革，组建应急管理部充分体现了大安全、大应急的理念，是新时代解决安全应急治理问题的重要决策。安全生产、防灾减灾、应急救援的保障要求虽各有不同，从整体安全和应急需要出发，提供先进的安全技术和服务将为安全产业发展提供更多机遇。

一是安全产业集聚发展将迎来新的阶段。工信部和国家安监总局先后在徐州、营口、合肥、济宁等地创建国家安全产业示范园区，2018 年，《国家级安全产业示范园区（基地）创建指南》有望出台，在总结过去创建经验的基础上，安全产业示范园区（基地）建设工作将得到进一步规范化发展。二是健全安全产业投融资体系工作将持续开展。在工信部、财政部、科技部、应急管理部等相关部委的共同支持下，政策与市场相结合，安全产业投融资体系建设将迎来新局面。三是先进安全技术和产品推广应用将进一步加强。依靠制造强国发展战略的支持，在先进制造业发展水平不断提高，互联网、大数据、人工智能和实体经济深度融合的背景下，通过试点示范的应用推广，安全技术与产品的水平将得到进一步提升。四是安全产业发展的氛围将面临新契机。2018 年，中国安全产业大会等安全产业标志性活动，将在全社会掀起关注安全产业发展的新高潮。五是有利于安全产业发展的政策环境持续改善。工信部等部委有望联合印发《加快安全产业发展的指导意见》将推动安全产业向新阶段和新目标迈进；《推广先进与淘汰落后安全技术装备目录》《安全生产专用设备企业所得税优惠目录（2017 版）》等文件，将加快先进安全技术装备的推广应用。

在政府支持和各方面共同努力下，2017 年安全产业得到了新的进步。2018 年安全产业将在示范园区（基地）创建、投融资体系建设、先进技术推广应用、科技成果研发、标准化体系建设等方面赢得新的发展良机。预计在2018 年，我国安全产业将能够保持 25% 左右的增长率，产业规模有望突破1.2 万亿元。

第二节 发展亮点

一、安全产业发展的政策环境将进一步改善

以党的十九大精神为引领，在落实《中共中央国务院关于推进安全生产领域改革发展的意见》等重要文件过程中，《加快安全产业发展的指导意见》

等文件的出台，将是继2012年《促进安全产业发展指导意见》后，又一个推动安全产业发展的标志性文件，安全产业发展将会迎来崭新的发展环境。在制造强国、网络强国建设两个战略性任务的指引下，以互联网、大数据、人工智能与实体经济深度融合为依托，安全产业在发展质量和水平等方面将开启新的征程。

二、安全产业集聚发展加力

2018年，《国家安全产业示范园区（基地）创建指南（试行）》发布，安全产业集聚发展的势头将进一步加强。在陕西、新疆等西部地区，安全产业集聚发展都到地方政府的高度重视，先后完成了促进安全产业发展的策划布局，由东部向西部拓展的安全产业发展态势，伴随我国"一带一路"发展战略，安全产业在全国范围内将呈现出更广泛、更规范的发展局面。

三、安全产业发展投融资体系建设进一步提速

健全完善投融资体系建设是安全产业发展的重要任务。从2015年11月，工信部、国家安监总局、国开行、平安集团共同签署战略合作协议；到2016年10月，在徐州签署了徐州安全产业发展投资基金战略合作协议，筹建了总规模为50亿元的国内首只地方安全产业发展投资基金，2017年汽车安全产业基金和民爆安全产业基金都已签约。2018年，伴随着国家支持安全产业投融资体系建设的工作深入开展，安全生产责任险的深化，我国安全产业投融资建设将得到进一步发展。在保险、债券、租赁等多种形式金融手段的扶持下，安全产业投融资体系建设将向更全面、更有效的阶段发展。

四、先进安全技术和产品推广应用试点示范向更大范围展开

先进安全技术产品的推广应用得到了国家的高度重视。工业和信息化部等部委，将通过开展安全技术装备试点示范，在交通、建筑等安全生产重点领域，组织研究并实施先进安全产品试点应用方案，引导创新商业模式，扩大市场规模。更多的安全技术和产品在国家政策支持下，依托市场化手段等多方面共同努力，在试点示范的引导下，将为安全生产、防灾减灾、应急救

援提供更多高效、实用的先进安全技术产品，解决高危行业和重点领域的安全难题，促进安全产业发展的同时，为提升全社会本质安全水平作出更大贡献。

五、安全产业宣传推广工作将掀起新高潮

2018 年，将是安全产业影响力提升的一个新纪元。2018 年，将召开中国安全产业大会等标志性的重大活动，在全国范围内掀起安全产业发展的新高潮。特别是中国安全产业大会的召开，将对安全生产、防灾减灾、应急救援领域先进技术、产品、装备和优质服务进行全面展示，展现示范园区创建取得的主要成绩，突出科技成果转化、示范推广应用和产融合作等方面取得的重大成效，系统总结、梳理安全产业国家公共安全专项实施三年来的成功经验，体现安全产业对提升各领域安全基础保障能力的重要作用，推进产研对接、产融对接、产需对接，促进安全产业创新发展和集聚发展。

从 2014 年底中国安全产业协会成立以来，中国安全产业协会得到了快速发展。2018 年，中国安全产业协会将在务实推进发展、助力安全产业宣传推广方面发挥更大作用。

后　记

　　赛迪智库安全产业研究所（原工业安全生产研究所）是国内首家专业从事安全产业发展研究的智库机构，自2014年起连续撰写并出版了中国安全产业发展蓝皮书，在工业和信息化部、国家安全生产监督管理总局等部门的支持下，在中国安全产业协会的大力协助下，现又撰写了《2017—2018年中国安全产业发展蓝皮书》。

　　本书由王鹏担任主编，高宏任副主编。高宏、刘文婷、于萍、陈楠、李泯泯、程明睿、黄玉垚、黄鑫等共同参加了本书的撰写工作。其中，综合篇由程明睿、刘文婷分别撰写第一章和第二章；行业篇由李泯泯、程明睿、黄玉垚、黄鑫负责编写，李泯泯负责编写了第五章和第九章，程明睿撰写第三章和第八章，黄玉垚撰写第四章，第六、七章由黄鑫撰写；区域篇分别由刘文婷编写第十章，于萍编写第十一章，李泯泯编写第十二章；园区篇由刘文婷编写第十三章，于萍编写第十四章，程明睿编写第十五章，黄玉垚编写第十六章；企业篇由黄玉垚、李泯泯、陈楠、黄鑫等负责编写和整理，李泯泯负责第十七章的编写，黄鑫负责第十八章的编写，陈楠负责第十九章的编写，李卫民负责第二十章的编写；政策篇由黄玉垚撰写第二十七章，第二十八章是由于萍、程明睿、刘文婷分别进行了相关政策的解析；热点篇分别由于萍编写第二十九章，程明睿编写第三十章，黄玉垚编写第三十一章和第三十三章，李泯泯编写第三十二章；展望篇由刘文婷编写第三十四章，高宏编写第三十五章。高宏、于萍、李泯泯等负责对全书进行了统稿、修改完善和校对工作。工业和信息化部安全生产司、国家安全生产监督管理总局规划科技司有关领导，中国安全产业协会和协会各分会，相关企业都为本书的编撰提供了大量的帮助，并提出了宝贵的修改意见。本书还获得了安全产业相关专家的大力支持，在此一并表示感谢！

　　由于编者水平有限，编写时间紧迫，书中难免有许多缺陷和不足，也真诚希望广大读者给予批评指正。